LE LIBRAIRE
AU LECTEUR.

JE n'entreprendray point de faire icy l'éloge du Traité de la Sphere du sieur Boulenger, son merite estant assez connu par le grand nombre d'Editions qui en ont esté faites ; je ne m'étendray point aussi sur les avantages de cette Science, qui non seulement éleve l'homme jusques dans le Ciel pour luy faire considerer les Corps celestes, leur nombre, leurs grandeurs, leurs distances, leurs mouvemens & leurs Eclipses ; mais luy sert aussi beaucoup pour acquerir plusieurs autres Sciences, comme la Medecine, l'Agriculture, la Navigation, la Geographie, la Cronologie, & l'Histoire : je diray seulement que ce Traité estant devenu fort rare, je crus qu'en le faisant r'imprimer je rendrois un service considerable au public. Je communiquay mon dessein à un sçavant Mathematicien qui depuis long-temps professe les Mathematiques en cette

A ij

LE LIBRAIRE AU LECTEUR.

Ville avec honneur, & qui par les beaux Ouvrages qu'il a mis au jour s'y eſt acquis une grande reputation : Il l'approuva auſſi-toſt, & pour m'engager plus fortement à l'executer me promit d'y ajoûter des Nottes de ſa façon, que vous trouverez à la fin de divers titres de cet Ouvrage, leſquelles vous en expliqueront les endroits les moins intelligibles, & vous apprendront pluſieurs choſes tres-utiles & tres-agreables, concernant cette Science : Vous y trouverez auſſi les Syſtemes de Copernic & de Thico-Brahé avec leur explication, pour ne rien oublier de ce qui peut ſatisfaire voſtre curioſité ; toutes les figures en ſont beaucoup plus belles & plus exactes que dans les Editions precedentes.

TRAITÉ
DE LA
SPHERE
DU MONDE.

Par le Sieur BOULENGER,
Lecteur ordinaire du Roy.

NOUVELLE EDITION
corrigée & augmentée.

A PARIS,

Chez JEAN JOMBERT, prés des Augustins, à l'Image Nôtre Dame.

M. DC. LXXXVII.

AVEC PERMISSION.

TRAITÉ
DE LA SPHERE
DU MONDE.

Livre I.

LE *Monde est une Sphere com-posée du Ciel & de la Terre, & des Natures qui sont en l'un & en l'autre.*

Bien que les Traitez ordinaires que l'on fait de la Sphere, ne comprennent principalement que la doctrine du premier mobile, & des cercles qui y sont imaginez, pour rendre raison des apparences Celestes, qui se font au dessous : neanmoins la pluspart y ajoûtent aussi la Sphere du Soleil, & de la Lune, la connoissance de ces deux Planettes étant plus necessaire que celle de toutes les autres. Mais pour

A. iij

faire quelque chose de plus general, nous traiterons icy de la Sphere du Monde : c'est à dire, de tous les Cieux, & de la Terre, qui est au centre de l'Univers, aprés avoir donné quelques definitions necessaires, pour la commodité de ceux qui sont destituez de personnes qui les enseignent. Cela leur fera un grand acheminement pour parvenir à la connoissance generale du mouvement des corps Celestes, que l'on nomme Astronomie.

Definitions.

1. SPhere ou globe est un corps soli-de, compris sous une seule surfa-ce, qu'on appelle Spherique, au milieu duquel il y a un point qu'on nomme centre, duquel toutes les lignes droites tirées à la surface sont égales.

Sphere, est ce que l'on nomme vulgairement une boule : car sphere, globe, & boule, sont synonymes, c'est à dire, signifient une mesme chose. Sphere est Grec, globe est Latin, & boule est François.

2. *Diametre de la Sphere, est une ligne droite, tirée par le centre, & ter-*

minée des deux coſtez par la ſurface.

Comme ſi au travers d'une boule, on imaginoit des lignes droites, qui paſſaſſent toutes par le milieu ; ces lignes droites ſeroient nommées diametres de la boule.

3. *Axe ou eſſieu de la Sphere, eſt un diametre, ſur lequel la Sphere ſe tourne.*

Le diametre & l'eſſieu d'une Sphere, different entre eux, en ce que tout eſſieu eſt diametre, mais tout diametre n'eſt pas eſſieu, parce qu'il n'y a point d'eſſieu ou d'axe ſi la Sphere n'eſt mobile. Diametre donc eſt un mot plus general, & Axe plus particulier.

4. *Les Poles d'une Sphere, ſont les deux extrèmitez de l'axe.*

Cecy eſt aiſé à conſiderer. Percez une petite boule de cire par le milieu avec une eſpingle : alors ſi en preſſant les deux bouts de l'eſpingle, vous faites tourner la petite boule, cette eſpingle ſera l'axe ou l'eſſieu de la boule, & les deux bouts de l'eſpingle repreſenteront les deux poles, ſur leſquels la boule tourne.

5. *Hemiſphere, eſt un corps ſolide,*

compris entre un cercle qui paſſe par le centre de la ſphere, & la moitié de la ſurface de la ſphere.

Hemiſphere ſignifie demy-boule. Si donc on coupe une boule par un plan qui paſſe par le milieu, on en fera deux pieces, chacune deſquelles ſe nommera demy-boule ou Hemiſphere.

6 Orbe, eſt un corps ſolide, compris entre deux ſurfaces ſpheriques, l'une interne qu'on appelle concave, & l'autre externe, qui eſt dite convexe.

On pourra ſe repreſenter ce que c'eſt qu'un Orbe, ſi on imagine une ceriſe, de laquelle on aura oſté le noyau :

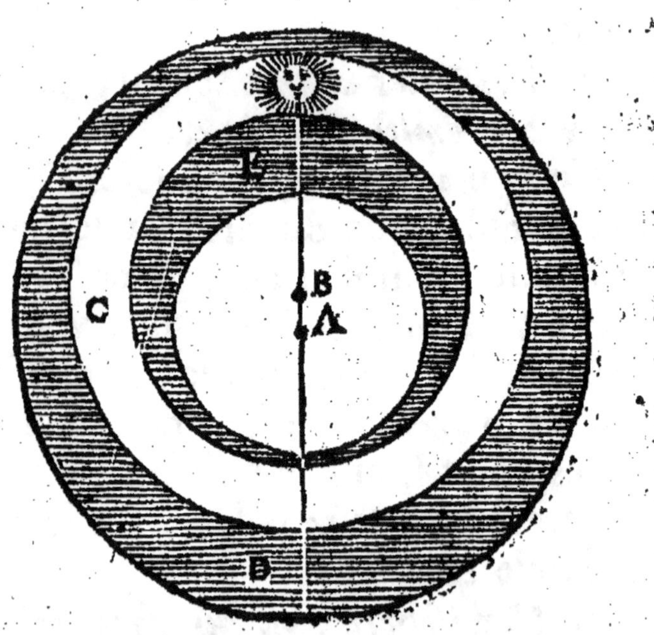

car alors un tel corps sera compris de deux surfaces, l'une interne ou concave qui entouroit le noyau , & l'autre externe ou convexe qui est au dehors.

7. *Les Orbes sont concentriques ou eccentriques : les concentriques sont ceux qui ont un mesme centre , les eccentriques l'ont divers.*

Que s'il s'en trouve quelqu'un de solidité inégale & qui n'ait qu'une surface concentrique, il s'appelle concentrique en partie.

8. *Les Cercles de la Sphere, sont ceux dont la circonference est décrite en la convexité de la sphere.*

Prenez une boule , & mettant le pied d'un compas en quelque point de sa surface, descrivez y une circonference. Cette circonference est dite Cercle de la Sphere : & en effet , plusieurs estiment que les cercles de la sphere sont seulement des circonferences.

9. *Les Cercles d'une Sphere , sont grands ou petits : Les grands, sont ceux qui ont leur centre avec celuy de la Sphere , ou qui divisent la Sphere en parties égales.*

Pour bien concevoir cette definition, prenez une boule , & descrivez un cercle fur fa furface, avec un compas fpherique ouvert du quart de la boule, & vous y defcrirez un grand cercle.

10. *Les petits cercles, font ceux qui n'ont pas leur centre avec celuy de la fphere, ou qui ne divifent pas la fphere en parties egales.*

Il eſt aifé par l'explication precedente de connoiſtre ce que c'eſt qu'un petit cercle : car tout autre qui fera defcrit avec un compas Spherique plus ou moins ouvert que d'un quart de la Sphere, fera petit.

11. *Cercles paralleles ou equidiſtans, font ceux defquels les circonferences font paralleles.*

Prenez une boule, & mettant le pied d'un compas fpherique fur la furface, defcrivez y un cercle, puis avec une ouverture du compas un peu plus grande, ou un peu plus petite, defcrivez encore du mefme point quelques autres cercles, alors ces cercles feront dits paralleles, ou equidiſtans, à caufe de l'egale diſtance de leurs circonferences.

12 *Cercles concentriques, font ceux qui ont un mefme centre : les excentri-*

ques l'ont divers.

C'eſt une proprieté aux cercles concentriques, d'avoir les circonferences
paralleles, & d'egale diſtance, & ne
ſe couper jamais : les eccentriques au
contraire, ont leurs circonferences d'u-
ne diſtance inégale, & ſouvent s'entrecoupent.

13. *Le Pole d'un cercle, eſt un point
en la ſurface de la ſphere, également
éloigné de la circonference du cercle.*

Quand avec un compas ſpherique
on a deſcrit un cercle ſur une boule,
le point où l'on a mis le pied du
compas, eſt dit le pole du cercle. Parce que ſi ce cercle avoit à tourner, il
ſe tourneroit ſur ce point, & ſur celuy qui luy eſt diametralement oppoſé. Le pole donc differe d'avec le
centre d'un cercle. Car le pole eſt ſur
la ſurface de la ſphere, & le centre eſt
dans la ſolidité.

14. *Angle ſperique, eſt un angle qui
eſt fait ſur la ſurface de la Sphere.*

Si ſur une boule vous y tirez deux
lignes, qui faſſent un angle, cet angle
eſt dit ſpherique, parce qu'il eſt deſcrit
ſur une Sphere : Ainſi les coûtures qui
paroiſſent ſur un balon quand il eſt

enflé , font autant d'angles fpheriques.

Divifion de la Sphere.

LA Sphère, eſt *ou naturelle , ou artificielle ; la naturelle , eſt toute ce que Dieu a creé , que l'on appelle Monde. L'artificielle , eſt celle qui par certains cercles repreſente les mouvemens de la naturelle.*

La Shpere eſt conſiderée en deux façons , dans l'Aſtronomie , ſçavoir quand elle ſignifie le premier mobile , ou quand par certains cercles joints enſemble , elle repreſente ſon Mouvement. La premiere eſt dite naturelle , & l'autre artificielle. La naturelle eſt le premier Mobile ou dernier Ciel , ou pour mieux dire , toute la machine du Monde. L'artificielle eſt la repreſentation ou image de la naturelle , compoſée de certains cercles , par leſquels on demonſtre la raiſon du premier mouvement. Les Grecs l'appellent *Sphera cricotos ;* c'eſt à dire Sphere circulaire , pour la diſtinction du globe celeſte , qui n'a que deux ou trois cercles. Archimede en fit faire une de verre qui eſt une matiere tranſparente , afin de pouvoir voir au travers tous les mouvemens des autres Cieux inferieurs. Et Sapor Roy de Perse en fit faire une fort grande de même matiere, au milieu de laquelle il estoit assis comme un petit Dieu mortel, d'où il contemploit à son aise tous les Cieux qui se mouvoient par des ressorts que luy mesme il avoit inventez.

Division de la Sphere artificielle.

*L*A Sphere artificielle, est parfaite ou imparfaite. La parfaite est celle qui par plusieurs cercles represente tous les Cieux, & leurs mouvemens. L'imparfaite est celle qui en represente seulement les principaux.

Il n'y a guere de Spheres qui representent tous les Cieux & leurs mouvemens, comme ont fait celles d'Archimede, & du Roy Sapor. Les ordinaires ne servent que pour monstrer seulement le mouvement du premier Mobile, avec celuy du Soleil & de la Lune. Il y en a d'autres où l'on y voit les trois Cieux superieurs, & telles Spheres sont tres-bonnes, parce qu'elles monstrent le mouvement du Firmament, & les trois Ecliptiques, qui font de plus difficile conception.

Des Parties de la Sphere Artificielle.

LEs parties principales font l'essieu, les poles, & les cercles.

Il faut s'accoustumer aprés avoir consideré les parties de la sphere artificielle, à imaginer la mesme chose en la naturelle, car autrement on apprendroit sans aucune utilité cette Science.

De l'Axe ou Essieu.

L'Axe ou Essieu de la Sphere artificielle, est un fil de fer, sur lequel on fait tourner la Sphere, lequel represente celuy de la naturelle, ou l'Axe du Monde.

Comme l'artificielle represente en gros la naturelle, aussi chaque partie de l'artificielle represente les parties de l'autre, & il est utile de s'accoustumer à ces representations, pour bien concevoir le mouvement de tout le Monde; car l'Axe du Monde n'est qu'imaginaire. Et quand les Poëtes ont dit qu'Atlas souftenoit l'Axe du Ciel, de peur qu'il ne tombaft fur la terre, ce n'eftoit que pour donner à entendre, qu'il faloit imaginer un Axe, pour bien comprendre le mouvement des Cieux.

Des Poles.

LEs Poles de la Sphere artificielle, font les deux extrémitez de l'effieu, qui reprefentent les Poles du Monde, l'un defquels eft dit le Pole Arctique, & l'autre le Pole Antarctique.

Les Poles, font les deux bouts de l'Effieu du Monde, ainfi dits, parce que deffus eux tous les Corps Celeftes fe tournent en 24. heures, & font ainfi nommez du Verbe Grec πολέω, qui fignifie tourner. Virgile les appelle *vertices*, fommets : Mantuan, *cardines*, gonds ou pivots.

Du Pole Arctique.

LE Pole Arctique, eft celuy qui eft du cofté du Septentrion.

Les Grecs l'ont ainfi nommé, à caufe des deux Ourfes qui luy font voifi

nes, qui font deux Conſtellations cé-
leſtes. Car *Arctos* en Grec ſignifie ourſe. Les Mariniers prennent pour le pole Arctique , l'Étoille qui eſt à la
queuë de la petite Ourſe, qui toutesfois eſt éloignée du Pole du Monde
de trois degrez ou environ. C'eſt pourquoy quand ils font leurs obſervations
avec leurs Aſtrolabes, ils peuvent quelquefois errer de trois degrez ; ſçavoir,
quand cette Etoile eſt au Meridien,
du lieu où ils font l'obſervation.

Du Pole Antarctique.

LE *Pole Antarctique*, *eſt celuy qui
eſt du coſté du Midy.*

Les Grecs l'ont ainſi nommé, à cauſe qu'il eſt oppoſé à l'Arctique ; car
anti en Grec ſignifie contre, ou oppoſé. Le Pole Antarctique ne peut pas
eſtre ſi facilement remarqué au Ciel,
comme l'Arctique , à cauſe de cette
eſtoile de l'Ourſe, qui en eſt ſi proche.
Ceux toutesfois qui ont paſſé au delà
de la ligne , ont obſervé qu'en temps
ſerain , il y a toûjours deux petits
nuages, qui tournent inceſſamment au
tour de ce Pole. Le plus petit deſquels

en est plus proche, & l'autre, quelque
peu plus distant, lesquels avec le Pole
Antarctique font un triangle isocele. Il
n'y a donc, qu'à imaginer ce triangle,
pour remarquer le lieu où est le Pole
Antarctique. *a*

Des Cercles de la Sphere.

IL y a dix Cercles en la Sphere artificielle, *six grands & quatre petits.*
On s'est contenté jusques aujour-
d'huy de ce nombre , pour éviter la
confusion aux Spheres artificielles , si
on y en ajoûtoit davantage : Mais il
y en a encore d'antres , la connoissance desquels est utile pour entendre l'A-
stronomie , lesquels nous definirons
aprés les dix Cercles qui sont d'ordinaire.

a Nous ne voyons jamais le Pole Antarctique , pour être abaissé au dessous dé
nôtre Horizon autant que l'Arctique est élevé au dessus , lequel par consequent nous
voyons toûjours , l'Antarctique ne paroissant qu'à ceux qui sont au delà de l'Equateur vers le Midy ; & il n'y a que les peuples qui habitent sous l'Equateur , qui puissent voir les deux Poles du Monde, s'il est
vray qu'ils voyent la moitié du Ciel.

B

Des Parties des Cercles.

Tous les Cercles de la Sphere, tant grands, que petits, sont divisez en trois cens soixante parties égales, que l'on appelle degrez. Chaque degré en 60 parties, que l'on appelle minutes, chaque minute en 60 parties, que l'on appelle secondes, chaque seconde en 60 tierces, & ainsi en suite.

Cette division n'a esté qu'à la volonté des Astronomes, qui toutesfois ont pris plûtost ce nombre de 360. qu'un autre, pour avoir plusieurs parties aliquotes. Et par cette mesme raison, ils ont encore divisé chacune de ces parties en 60. pour éviter le plus qu'ils pourroient les fractions. Les Grecs se sont contentez du nombre sexagenaire en toute division & sous-division de Cercles.

Des six grands Cercles.

Les six grands cercles sont l'Equateur, ou l'Equinoctial, le Zodiaque, les deux Colures, l'Horizon & le Meridien.

Tous les grands Cercles font égaux entre-eux, & bien que l'horizon de la Sphere artificielle foit plus grand que le Meridien, & celuy-cy plus grand que l'Equateur, & que les Colures, on doit neanmoins les concevoir entre-eux tous égaux, & que cette inégalité ne vient que du cofté de l'Artifan, qui pour faire tourner commodément la Sphere, les fait d'une grandeur iné-gale.

De l'Equateur.

L'Equateur ou Equinoctial eft un grand Cercle, également éloigné des Poles du Monde.

Ce Cercle eft dit Equateur, à caufe qu'il eft comme la mefure & la regle de tous les autres, & que par fon mouvement qui eft reglé, il égale le mouvement irregulier des autres. On l'appelle aufsi Equinoctial, parce que le Soleil eftant deffous, il fe fait equi-noxe par tout le Monde ; c'eft à dire, que les jours font faits égaux aux nuits : ce qui arrive deux fois l'année, environ le 21. Mars, & le 23. de Septem-bre : Ce Cercle fe connoît aifément en

la Sphere. Car si on la fait tourner a-
vec la main, il est tout au milieu de
ce mouvement, qui est cause que quelques-uns l'ont nommé aussi la ceinture du premier Mobile.

Du Zodiaque.

LE Zodiaque, est un grand Cercle,
d'une circonference large, sous laquelle les sept Planettes cheminent continuellement.

Ce Cercle est ainsi nommé de *zoé*,
qui signifie en Grec vie, parce que le
Soleil, & les autres Planettes qui tournent perpetuellement au dessous, donnent vie à toutes les choses naturelles.
D'autres le derivent du mot de *zo-
dion*, qui signifie animal, à cause qu'il
contient au dessous de soy les douze
signes celestes, ou animaux; il est le
seul qui a de la largeur.

Ptolomée luy donne douze degrez
de large : mais les nouveaux luy en
ont donné seize, parce qu'ils ont observé que Mars & Venus, s'esloi-
gnoient d'environ de 8 degrez du milieu.

Les Astronomes font faire au Zo-

diaque un angle d'environ 23. degrez
& demy avec l'Equateur , parce qu'ils
ont observé que le Soleil qui ne le
quite jamais , ne s'éloignoit pas sensiblement davantage de l'Equateur vers
l'un des deux Poles du Monde.

Des parties du Zodiaque.

*B*Ien que le Zodiaque soit divisé en
360 parties , comme tous les autres
Cercles , neanmoins il est divisé premierement en 12 parties égales , que
l'on nomme Signes , chacun desquels est
de 30 degrez selon l'ordre qui suit. Le
Signe du Belier , du Taureau , des
Gemeaux , de l'Escrevisse , du Lyon,
de la Vierge , de la Balance , du Scorpion , du Sagitaire , du Capricorne , du
Verse-eau , & des Poissons.

J'avertiray icy en passant , que les
douziémes parties du Zodiaque , que
l'on appelle Signes , ne sont pas ainsi
nommées pour contenir quelques Signes ou Constellations celestes , veu
qu'il n'y a aucun Astre au premier Mobile , & que les douze Signes , sont au
Huictiéme ciel ou firmament : Toutesfois on ne laisse pas de nommer ces

douziémes parties, le signe du Belier, le signe du Taureau, &c. Parce que les estoilles du huitiéme ciel qui font ces constellations, estoient du temps des premiers Astronomes au dessous de ces douziémes parties du Zodiaque du premier Mobile, ce qui est cause que le nom leur en est demeuré, bien que les signes ayent changé de place, & que maintenant le signe du Belier du huitiéme ciel soit au Taureau du dixiéme. Et c'est pourquoy quand on dit que le Soleil est au Belier, on n'entend pas au Belier du firmament, mais au Belier du premier mobile.

Des diverses acceptions de Signe.

LA douziéme partie du Zodiaque est appellée Signe, comme nous avons dit. Mais d'autant que les Astronomes rapportent toutes les estoilles d quelque signe, il est besoin d'entendre comme ils le conçoivent.

C'est qu'ils imaginent six grands cercles qui passent par les poles du Zodiaque, & par les commencemens de six signes consecutifs, qui divisent toute la surface du ciel en douze parties, qui s'estressissent vers les poles du Zodiaque. Et toutes les estoilles ou parties du ciel qui sont comprises entre deux demy cercles, sont dites estre au signe qui est compris entre les mêmes demi cercles, comme il est aisé à voir manifestement sur un globe celeste.

De l'Ecliptique.

L'Ecliptique, est une ligne au milieu du Zodiaque, sous laquelle le Soleil chemine toûjours.

Cette ligne a esté ainsi appellée du mot *eclipo*, qui signifie défaillir, à cause que les Eclipses ou defauts du Soleil & de la Lune se font sous cette ligne. *a*

Des Colures.

LEs Colures, sont deux grands Cercles, qui s'entrecouppent à angles

a L'Eclipse du Soleil se fait quand le Soleil & la Lune sont environ sous le même point de l'Ecliptique; & celle de la Lune, quand ils sont opposez directement, & que la Terre est entre-deux, ou à peu prés, ce qui rend l'Eclipse plus grande ou plus petite.

droits ſpheriques, aux poles du monde, l'un deſquels ſe nomme le Colure des Solſtices, & l'autre le Colure des Equinoxes.

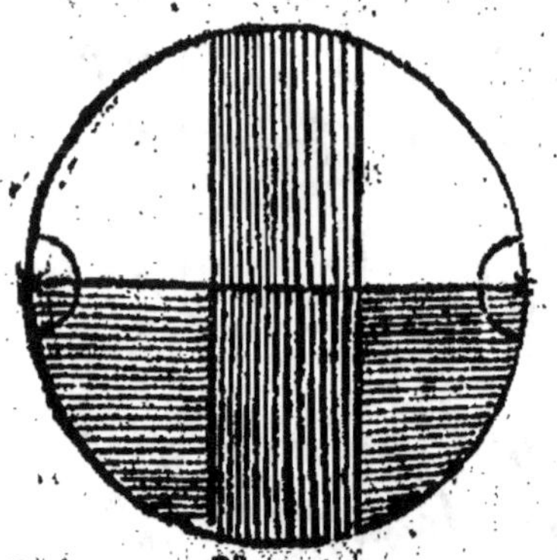

Ces deux cercles ſont ainſi nommez de *colvo*, qui ſignifie en Grec autant que tronquer, retrancher, parce que jamais ils ne ſe voyent entierement, meſme en la converſion de la Sphere, mais quelque partie en eſt toûjours cachée ſous l'horiſon, ſi ce n'eſt en cette poſition de la Sphere où l'Equateur eſt vertical, c'eſt à dire au deſſus de la teſte des habitans du lieu. Car alors ils peuvent paroiſtre par la revolution du premier Mobile.

Du Colure des Solſtices.

LE Colure des Solſtices, eſt un grand Cercle qui paſſe par les poles du Monde, & par le commencement de l'Eſcreviſſe & du Capricorne.

Ce Cercle eſt ainſi nommé à cauſe qu'il

qu'il paſſe par les lieux du Zodiaque,
ou quand le Soleil eſt parvenu ou qu'il
en approche, il ſemble eſtre immobile, & s'arreſter comme en une ſtation
pour l'inſenſible declinaiſon ou éloignement qu'il fait de l'Equateur. *

Du Colure des Equinoxes.

LE Colure des Equinoxes, eſt un
grand Cercle, qui paſſe par les Poles du Monde, & par le commencement
du Belier & de la Balance.

Ce Cercle eſt ainſi nommé, à cauſe qu'il paſſe par les lieux du Zodiaque, où quand le Soleil eſt, il ſe fait
Equinoxe par toute la terre : c'eſt à di-

* Les deux poins où le Zodiaque ſe trouve coupé par le Colure des Solſtices, ſont
de tous ceux du Zodiaque les plus éloignez
de l'Equateur, & ils ont été nommez *Points
Solſtitiaux* par les Anciens, qui ont crû que
le Soleil s'y arrêtoit quelque temps, parce
qu'ils experimentoient que les ombres du
Midy, qui leur ſervoient de regle pour en
juger, ne croiſſoient ny ne diminuoient à
leurs yeux, & que le Soleil ſe levoit & ſe
couchoit dans des mêmes points de l'Horizon pendant quelques jours.

re que les nuits sont égales aux jours. a

De l'Horizon.

LA diverse acception de ce Cercle, est cause qu'on ne le peut pas aisément définir, sans que premierement il n'ait esté divisé. On peut dire seulement en general, que c'est un Cercle qui borne la veuë au Ciel, ou en la Terre. Car pour ce sujet est-il dit Horizon du mot Grec *orizo*, qui signifie borner.

Divißon de l'Horizon.

L'*Horizon selon Geminus & autres Astronomes, est divisé en Horizon sensible, & en Horizon rationel.*

Cette division fait entendre la va-

a Les deux points où l'Ecliptique se trouve coupée par le Colure des Equinoxes, sont appellez *Points Equinoxiaux*, parceque le Soleil y étant parvenu, il fait les jours égaux aux nuits par toute la terre, excepté là où le Pole est au Zenith, parce qu'alors le Soleil se leve sans se coucher ou bien se couche sans se lever, ne faisant que tourner à l'entour de l'Horizon.

rieté en la definition de ce Cercle qu'-
ont donné les Anciens. Car quelques-
uns l'ont appellé la borne du Ciel, ou
Cercle de l'Hemisphere, ce qui s'entend
de l'Horizon rationel ; les autres l'ont
nommé circuit de la terre, ce qui se
doit prendre de l'Horizon sensible.

De l'Horizon sensible.

L'Horizon sensible est cet espace de
terre, que l'on void en rond tout au
tour de soy, quand on est en pleine cam-
pagne, outre laquelle la veuë ne peut
atteindre, à cause de la rondeur ou tu-
meur de la terre. Geminus donne à ce
Cercle un demy diametre de 400. stades.

Il est certain, que tant plus l'œil sera eslevé, plus grand apparoistra cet
Horizon sensible. Et si selon Geminus,
ce cercle a 400. stades de demy diametre, (ce qui arrive quand l'œil est
en un lieu bien eslevé) on pourra dé-
couvrir environ 25. lieuës de loin. Il
y en a d'autres qui definissent l'Horizon sensible, un Cercle sur la surface
de la Terre, en l'estenduë duquel les
Phœnomenes du Ciel, comme sont le

lever & le coucher des Estoiles, la hauteur du Pole, la quantité des jours & des nuits, ne se changent pas sensiblement. Mais de definir precisément la grandeur de ce Cercle, il est impossible, à cause de l'inégale longueur ou largeur des Climats, ausquels les Phœnomenes font des mutations grandes. *a*

De l'Horizon rationel.

L'Horizon rationel, *est un grand Cercle qui separe la partie du Monde veüe, de celle qui ne l'est point.*

L'Horizon rationel, est celuy qui est proprement consideré en l'Astronomie, & est veritablement un grand Cercle que l'on conçoit passer par le centre de la Terre, pour separer la Sphere en deux parties esgales; sçavoir, en l'He-

a. L'Horizon sensible ou Visuel ne nous découvre jamais la moitié du Ciel, que nous ne pouvons voir dans un seul regard, à cause de la rumeur de la terre, qui nous en cache toûjours un peu plus que la moitié. Ce qui fait que cet Horizon n'est à parler exactement qu'un petit Cercle, & que c'est luy proprement qui doit être appellé Horizon, puisqu'il termine & borne nôtre vûë.

misphere superieur qui paroist à nos
yeux & en l'Hemisphere inferieur que
nous ne voyons point. Mais l'Horizon
sensible n'est pas proprement un Cercle, c'est une petite surface convexe
de la Terre, bornée par une circonference. *

Division de l'Horizon rationel.

L'Horizon rationel est divisé en Horizon droit, en Horizon oblique,
& en Horizon parallele.

La division des Anciens estoit seulement en Horizon droit & en Horizon
oblique, mais cette division n'estant
pas suffisante, on y a ajouté l'Horizon
parallele, que les anciens comprennent
sous le nom d'oblique.

* On peut définir l'Horizon rationel, ou
intelligible, un grand Cercle, qui s'étend
jusqu'au premier Mobile, & qui divise le
Monde en deux parties égales entre les points
du Zenith & du Nadir, qui luy servent de
Poles. D'où il suit que cet Horizon change
à mesure qu'on change de place, puisque le
Zenith change.

L'Horizon droit, est celuy qui coupe l'Equateur à angles droits.

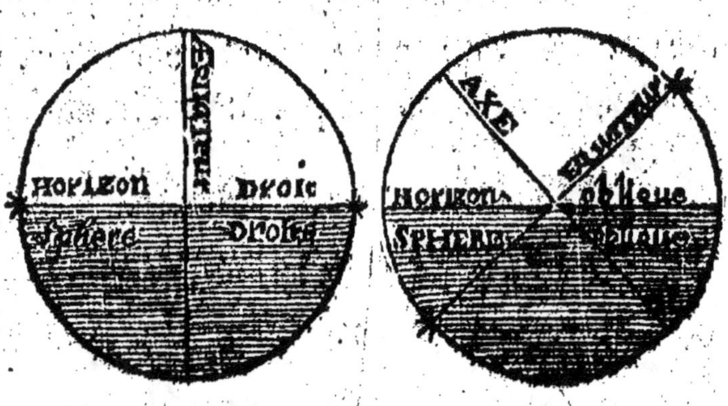

L'Horizon oblique, est celuy qui coupe l'Equateur à angles obliques.

L'Horizon parallele, est celuy qui est joint avec l'Equateur.

L'Horison droit, ne coupe pas feulement l'Equateur à angles droits, mais tous les cercles qui luy sont paralleles.

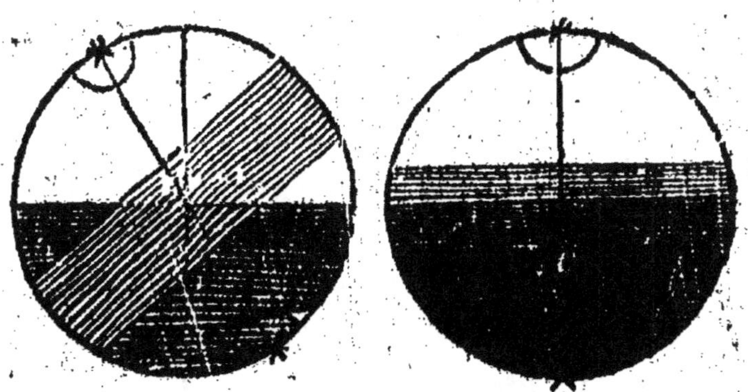

comme l'Horizon oblique, les coupe obliquement, & l'Horison parallele leur est parallele.

De la diverse position de la Sphere.

DE la division de l'Horizon rationel, on considere trois diverses positions de la Sphere ; sçavoir, droite, oblique, & parallele.

La Sphere droite, est celle qui a l'Horizon rationel droit. La Sphere oblique, qui a l'Horizon rationel oblique : & la Sphere parallele qui a l'Horizon rationel joint avec l'Equateur.

Tournez la Sphere, la tenant par le Meridien, jusques à ce que les Poles du Monde soient en l'Horison, alors vous verrez la position de la Sphere droite, qui est seulement à ceux

qui habitent sous l'Equateur. En aprés
levez un des Poles sur l'Horizon, &
vous verrez la disposition de la Sphere
oblique. Enfin levez le Pole de la
Sphere, en sorte qu'il soit au plus haut,
& vous verrez quelle est la position de
la Sphere parallele. Que si vous la
faites mouvoir en quelqu'une de ces
trois positions, vous connoîtrez comment le monde se tourne à leur égard.
On remarquera en passant, qu'il n'y a
que deux points sur la Terre, où la
Sphere soit parallele ; sçavoir sous les
Poles du Monde. Une circonference
sur la Terre, où la Sphere soit droite ;
sçavoir sous l'Equateur. Et tout le reste
de la surface de la Terre a la Sphere
oblique.

Du Meridien.

IL y a en la Sphere, des Cercles variables & invariables. Les variables
qui se changent, en changeant de lieu,
sont immobiles : c'est à dire, ne sont
point emportez avec le mouvement du
Monde : les invariables sont mobiles.
Ainsi l'Equateur, les Colures, le Zodiaque sont invariables, mais mobiles ;

Et l'Horizon & le Meridien font variables, mais immobiles. Car en quelque lieu que l'homme foit, il a fon Horizon, & fon Meridien, & s'il changé de lieu, principalement vers l'Orient, ou vers l'Occident, il change neceſſairement d'Horizon, & de Meridien auſſi.

Diviſion du Meridien.

LE *Meridien ſelon les Aſtronomes, eſt diviſé en Meridien ſenſible, & Meridien rationel.*

La raiſon pour laquelle on a diviſé l'Horizon en ſenſible, & en rationel, eſt la même qui a excité les Aſtronomés à en faire autant au Meridien, y en ayant un qui tombe ſous les ſens, & l'autre qui ſeulement eſt conceu par l'entendement & la raiſon. Le rationel à chaque pas eſt variable : le ſenſible ne ſe varie point, qu'aprés avoir fait quatre cens ſtades, du côté d'Orient ou d'Occident : car pour aller vers le Midy & le Septentrion, il ne varie aucunement.

Du Meridien sensible.

LE Meridien sensible d'un lieu, est un espace du Ciel, compris entre deux grands demy cercles, qui passent par les Poles du Monde, & par les points verticaux de deux autres lieux éloignez de celuy où l'on est de 400. stades, vers l'Orient & l'Occident.

Telle a esté la pensée des Grecs touchant le Meridien sensible qu'ils ont inventé, afin de n'en pas imaginer une infinité à chaque pas que l'on fait vers l'Orient ou vers l'Occident. Mais pour bien faire, & mieux qu'ils n'ont fait, il faudroit commencer sous l'Equateur pour y établir cette distance de quatre cens stades, de part & d'autre ; & en ce faisant on conteroit 432. Meridiens sensibles en tout le contour de la Terre, lesquels s'étreciroient vers les Poles du Monde ; Aussi bien les Phœnomenes, desquels nous avons parlé à l'Horison sensible, varient plus aisément, plus on s'approche de ces quartiers-là.

Du Meridien rationel.

LE Meridien rationel, eſt un grand Cercle, qui pàſſe par les Poles du Monde, & de l'Horizon, ſous lequel le Soleil étant, il eſt midy.

Ce Cercle eſt nommé Meridien ; parce qu'il diviſe le jour en deux parties égales, y ayant autant depuis le lever du Soleil juſqu'à midy, que du midy juſqu'à ſon coucher. Il paſſe par les Poles de l'Horizon, l'un deſquels ſe nomme Zenith ou point vertical, parce qu'il eſt ſur nôtre teſte, & l'autre Nadir ou point des pieds qui luy eſt diametralement oppoſé.

Des petits Cercles.

LEs petits Cercles, qui ſont au nombre de quatre, ſont diviſez en deux Tropiques, & en deux Polaires.

Ces quatre petits Cercles, ſont entr'eux paralleles ou équidiſtans, & diviſent la ſurface de la Sphere, en cinq parties, deſquelles il ſera parlé cy-aprés.

Des Tropiques.

LEs deux Tropiques, *font celuy de l'Ecreviffe & du Capricorne.*

Quand le Soleil eft parvenu aux Tropiques, il retourne vers l'Equateur, & pour cette caufe ils ont été nommez Tropiques du mot Grec *tropos*, qui fignifie converfion.

Du Tropique de l'Ecreviffe.

LE *Tropique de l'Ecreviffe, eft un petit Cercle parallele à l'Equateur, qui paffe par le premier point du figne de l'Ecreviffe.*

Il eft auffi nommé Tropique d'Efté, parce que le Soleil étant au deffous de ce Cercle, ou s'en approchant fait les plus grands jours de l'Efté. On le nomme auffi Cercle du folftice d'Efté, parce que le Soleil en s'approchant ou en s'éloignant de ce Cercle, à ce que dit Proclus, femble demeurer en mefme endroit quelque temps, à caufe que les ombres Meridiennes ne croiffent ny ne diminuent, & que les jours font en même état, fans qu'ils apparoiffent s'agrandir ou diminuer. Et pour cette cause les Anciens ont cru, que les Solstices n'arrivoient que quand le Soleil passoit par le huitiéme degré de l'Ecreviße, ou du Capricorne, à cauße qu'ils obßervoient les ombres, pour determiner les Saißons, qui ne varient qu'environ ce temps-là.

Du Tropique du Capricorne.

LE *Tropique du Capricorne*, *est un petit Cercle parallele à l'Equateur, qui paße par le premier point du ßigne du Capricorne.*

Ce Cercle est außi nommé Tropique d'Hyver, par la même raißon que l'autre a été dit Tropique d'Esté. Car quand le Soleil approche de ce Cercle, c'est alors que les jours de l'Hyver ßont les plus petits. On l'appelle außi le Cercle du Solstice d'Hyver, parce que le Soleil ßemble demeurer en même endroit, & parcourir toûjours une même route l'eßpace de 15 ou de 20 jours, quand il s'approche ou qu'il s'éloigne de ce Cercle.

Des Cercles Polaires.

LEs deux Cercles Polaires, sont le Cercle Arctique, & le Cercle Antarctique.

Ces Cercles sont ainsi dits, parce qu'ils passent par les Poles du Zodiaque. Les Grecs les imaginent variables, tantôt grands, tantôt petits, selon l'inclination de la Sphere. *a*

Du Cercle Arctique.

LE Cercle Arctique, est un petit Cercle parallele à l'Equateur, qui passe par le Pole Septentrional du Zodiaque.

Les Grecs le definissent en cette façon ; le Cercle Arctique est le plus grand de tous les Cercles qui apparois-

a Il est aisé de connoître que ces Cercles ne seroient pas variables, s'ils passoient par les Poles du Zodiaque, qui ne varient pas sensiblement : & qu'ainsi ces mêmes Cercles que les Grecs conçoivent variables, ne sont pas les mêmes que ceux qui passent par les Poles de l'Ecliptique, bien qu'ils ayent le même nom, comme vous connoîtrez mieux par ce qui suit.

fent, qui touche en un point l'Horizon, dans lequel tous les Aftres qui s'y
rencontrent, ne fe levent & ne fe couchent jamais.

Du Cercle Antarctique.

LE Cercle Antarctique, eft un petit
Cercle parallele à l'Equateur, qui
paffe par le Pole Meridional du Zodiaque.

Selon les Grecs,
c'eft le plus grand
de tous les Cercles
qui ne paroiffent
point, & qui tou-
che en un point
l'Horizon, dans le-
quel tous les Aftres qui s'y rencontrent ne fe levent & ne fe couchent
jamais.

De quelqu'autres Cercles qui ne font point décrits fur la Sphere artificielle.

IL a plufieurs autres Cercles grands
& petits, qui font utiles à la doctrine Spherique, lefquels ne font

point décrits sur la Sphere artificielle, tant à cause qu'ils ne sont pas si necessaires que les autres, qu'à cause qu'ils y apporteroient de la confusion, & qui plus est ne pourroient pas souvent y estre representez, comme sont les Cercles Azimuths ou Verticaux, les Cercles de longitude, de latitude, de declinaison, de hauteur, & d'autres encore moins considerables, lesquels nous definirons icy le plus facilement qu'il nous sera possible.

Des Cercles Verticaux ou Azimuths.

LEs Cercles Verticaux, ou Azimuths, sont plusieurs grands Cercles, qui s'entrecoupent tous aux Poles de l'Horizon.

Il y en a qui en comptent 180 les faisant passer par tous les degrez de l'Horizon : Mais on en peut mettre autant que l'on voudra. Que si on desire les representer sur la Sphere, il la faudra tourner, en sorte que l'Horizon soit joint avec l'Equateur : Et alors les deux Colures de la Sphere representeront deux Azimuths, entre lesquels on en pourra imaginer une infinité d'autres; Ils sont dits Verticaux, parce qu'ils passent par

le

le sommet de nos testes, que les Latins appellent *vertex.* *a*

Des Cercles de Longitude des Estoilles.

LEs Cercles de Longitude, sont plusieurs grands Cercles qui s'entrecoupent tous aux Poles du Zodiaque.

Si on desire les representer facilement, cela se pourra faire sur un Globe Celeste, sur lequel on en verra six dépeints, qui passant par les Poles du Zodiaque, divisent tout le Ciel en 12 parties égales. Ils sont dits Cercles de Longitude, parce qu'ils déterminent quelle est la longitude ou distance que les Astres peuvent avoir, à compter depuis le premier qui passe par le commencement du Belier, & qui seul est

a Le Meridien étant coupé par l'Horizon, & passant par le Zenith & par le Nadir de chaque lieu, peut bien passer pour un Azimuth. Celuy qui luy est perpendiculaire, & qui passe par les deux points ou l'Horizon se trouve coupé par l'Equateur, se nomme *premier Vertical*, parce que depuis ce Vertical on compte les autres, en commençant depuis l'Orient vers le Midy.

D

representé en la Sphere par le Colure des Equinoxes.

Des Cercles de Latitude des Estoilles.

LEs Cercles de Latitude, sont plusieurs petits Cercles paralleles à l'Ecliptique, tous d'inégale grandeur, qui se diminuent vers les Poles du Zodiaque.

On pourra considerer cela sur le Globe Celeste, sur lequel il y en a trois de chaque côté de l'Ecliptique. Ils sont dits Cercles de Latitude, parce qu'ils montrent quelle est la latitude ou éloignement des Astres, à compter depuis l'Ecliptique. *

Des Cercles de Declinaison.

LEs Cercles de Declinaison sont plusieurs petits Cercles, parallels à l'Equateur, tous d'inégale grandeur, qui

* La distance des Astres de l'Ecliptique, ou leur latitude, ne peut jamais être de plus de 90 degrez, qui sont le quart d'un Cercle, qui les termine vers l'un & l'autre Pole du Zodiaque. La Latitude se compte sur un Cercle de Longitude, comme la Longitude se compte sur un Cercle de Latitude.

se diminuent vers les Poles du Monde.

Pour le concevoir sur la Sphere, il faut considerer un Tropique & un Polaire, qui sont paralleles à l'Equateur. Car ces deux Cercles, sont Cercles de Declinaison : Et le Tropique montre en effet quelle est la plus grande Declinaison du Soleil, ou le plus grand éloignement qu'il fait de l'Equateur. Que si on en imagine plusieurs semblables entre l'Equateur & le Pole, tels Cercles seront dits Cercles de Declinaison.

Des Cercles de hauteur ou Almucantaraths.

LEs Cercles de Hauteur ou Almucantaraths, sont plusieurs petits Cercles paralleles à l'Horizon, tous

* Entre ces Cercles de Declinaison sont compris les Cercles paralleles du Soleil, qu'il trace au nombre de 182 & demy, étant mû par le premier Mobile d'un Tropique à l'autre par une ligne spirale, qui provient de son mouvement propre, qui ne finit jamais au même point qu'il a commencé. Tous ces tours n'étant pas beaucoup differens en un jour, ont esté improprement appellez Cercles paralleles du Soleil, par lesquels il decline d'un Tropique à l'autre dans son mouvement annuel.

d'inégale grandeur, qui se diminuent
vers les Poles de l'Horizon.

Il y en a qui en comptent seulement
88. les faisant éloignez chacun d'un dé-
gré. Mais on en peut imaginer autant
que l'on voudra. Que si on desire les
representer sur la Sphere, quelle soit tournée en telle façon, que l'Equateur soit
joint avec l'Horizon, alors on verra sur
la Sphere deux Cercles paralleles à l'Horizon; sçavoir un Tropique & un Polaire, qui representeront deux Cercles
de hauteur, entre lesquels & par delà,
on en peut concevoir une infinité d'autres. Ils sont dits Cercles de hauteur,
parce qu'ils déterminent la hauteur des
Astres, au dessus de l'Horizon. a

a. Le plus grand de tous ces Cercles est
celuy qui est le plus proche de l'Horizon,
& le plus petit est celuy qui est le plus proche du Zenith. Mais outre ces Almucantaraths, on en imagine au dessous de l'Horizon un autre, auquel le Soleil étant parvenu
avant son lever, il se fait le commencement
du Crepuscule du matin, & après son coucher, le Crepuscule du soir finit.

De l'usage ou office des Cercles.

Tous les Cercles de la Sphere, tant grands que petits, ont les usages suivans.

De l'usage de l'Equateur.

1. CE Cercle est la mesure & la regle du premier Mobile.

Car sur ce Cercle, on observe que le premier Mobile, fait son mouvement en vingt-quatre heures d'Orient en Occident, & qu'à chaque heure il monte 15. degrez de l'Equateur sur l'Horison.

2. *Il mesure le temps.*

D'autant que le jour naturel, est determiné par son circuit, en y ajoûtant toutefois une certaine petite partie, qui correspond à la partie du Zodiaque, que le Soleil a fait de son propre mouvement vers l'Orient.

3. *Distingue les Equinoxes.*

Cela est evident, car il coupe l'Ecliptique au commencement du Belier, & de la Balance, où se font les Equinoxes quand le Soleil y est.

4. Divise le Ciel en deux Hemispheres, en l'Hemisphere Septentrional, & en l'Hemisphere Meridional.

Estant un grand Cercle, il divise la Sphere en deux parties égales, dont l'une du côté du Septentrion, s'appelle Hemisphere Septentrional ; & l'autre qui est vers le Midy, s'appelle Hemisphere Meridional.

5. Donne à connoistre les Signes Septentrionaux, & les Meridionaux.

Les Signes qui sont en l'Hemisphere Septentrional, sont dits Septentrionaux ; & les autres qui sont en l'Hemisphere Meridional, sont dits Meridionaux. Mesme le Soleil pendant qu'il est au dessous de ceux-là, est dit Septentrional, & quand il est sous ceux-cy, Meridional.

6. Determine la quantité des jours, en toute position de la Sphere.

Cela s'entend en la Sphere droite, & en l'oblique, jusques à l'elevation de 66. degrez. Car par delà, il ne mesure plus la quantité des jours : cecy se verra plus aisément en l'usage de la Sphere, cy-aprés.

7. Il est grandement utile à la Geographie pour la situation des lieux.

Car les lieux sont dits avoir autant de Latitude, comme ils sont éloignez de l'Equateur. *a*

B. *Il sert grandement à la construction des Cadrans.*

Car par son mouvement reglé les espaces des heures sont rendus égaux, & reglent l'inégalité des autres.

De l'usage du Zodiaque, & de l'Ecliptique.

1. SOus l'Ecliptique se font les Eclipses du Soleil, & de la Lune.

Sçavoir, les Eclipses du Soleil en la conjonction du Soleil & de la Lune. Et les Eclipses de la Lune ; quand le Soleil & la Lune sont opposez l'un à l'autre.

2. *L'obliquité du Zodiaque, à l'égard du premier Mobile, est la cause de la vicissitude des Saisons de l'année.*

Car l'approchement ou l'éloignement du Soleil, de quelque region, qui arrive, à cause de cette obliquité, en au-

a De plus c'est sur ce grand Cercle, que l'on marque dans les Mappemondes, & les Cartes generales les degrez de la longitude des lieux de la terre d'Occident en Orient.

gmentant ou en diminuant la chaleur, fait les quatre Saisons de l'année.

Pythagore, selon Plutarque, a esté le premier qui a observé cette obliquité. Et si on en veut croire Pline, c'a esté Anaximander, bien qu'Oenopides Chius se l'attribué.

3. *L'Ecliptique est grandement utile à l'Astronomie, pour déterminer le lieu des Estoilles.*

Car la Longitude des Estoilles se prend sur l'Ecliptique, & les Estoilles sont dites avoir autant de Latitude, comme elles sont éloignées de cette ligne. *a*

a Le Zodiaque sert encore à nous apprendre combien le Soleil avance chaque jour vers l'Orient, jusques à ce qu'il ait parcouru de point en point, pendant un an, tous les degrez de la ligne Ecliptique, en retrogradant peu à peu par son mouvement annuel d'Occident en Orient, contre son mouvement diurne, qui l'emporte tous les jours de l'année d'Orient en Occident dans l'espace de 24. heures.

Ce double mouvement se peut concevoir par l'exemple d'un limaçon, qui tournant sur une grande rouë 365. fois en un an, ne laisseroit pas pendant le temps de ces 365. mouvemens de s'avancer contre ce premier mouvement peu à peu, jusques à ce qu'il

eut

eut fait tout le tour de la rouë, où il se
seroit collé, recommençant toûjours son
mouvement contraire d'année en année, &
de 365 tours en 365 tours de rouë.

De l'usage des Colures.

1. LEs deux Colures, monstrent les
quatre points principaux du Zodiaque, que l'on appelle Cardinaux,
ausquels par le mouvement du Soleil,
se font les plus grands changemens de
temps, le Printemps, l'Esté, l'Automne,
& l'Hyver.

Le commencement du Printemps arrive quand le Soleil entre dans le Belier, qui est le 21. Mars : l'Esté quand
il entre au Signe de l'Ecrevisse, le 21.
Juin : l'Automne au signe de la Balance, le 24. Septembre : & l'Hyver au
Signe du Capricorne, le 21. Decembre.
Ce qui toutefois se doit entendre à peu
prés, & non precisément, à cause de
la diverse quantité de l'année.

2. *Le Colure des Solstices, montre
les deux points des Solstices, & le Colure des Equinoxes, les deux point des
Equinoxes.*

Les quatre points Cardinaux, sont
les deux points des Solstices, & les

deux points des Equinoxes. Les Solstices se font le Soleil entrant dans l'Ecrevisse, & dans le Capricorne ; l'un desquels se nomme le Solstice d'Esté, l'autre le Solstice d'Hyver : Et les deux
Equinoxes se font le Soleil entrant dans
le Belier & dans la Balance, le premier
desquels est nommé l'Equinoxe du Printemps, & l'autre l'Equinoxe de l'Automne.

3. *Le Colure des Solstices, divise les
douze Signes du Zodiaque en Signes
ascendans & descendans.*

Les Signes ascendans sont le Capricorne, le Verse-eau, les Poissons, le
Belier, le Taureau, & les Gemeaux
ainsi nommez à cause que le Soleil depuis le premier point du Capricorne,
jusques à la fin des Gemeaux monte,
& s'approche de nôtre Zenith ou point
vertical. Et les Signes descendans sont
l'Ecrevisse, le Lyon, la Vierge, la Balance, le Scorpion, & le Sagittaire, à
cause que le Soleil en passant par ces
six signes, descend ; c'est à dire, n'est
pas si haut à midy, & par consequent
s'éloigne de nôtre Zenith.

4. *Sur le Colure des Solstices, on y
compte la plus grande declinaison du*

Soleil ; c'est à dire, le plus grand éloignement qu'il fait de l'Equateur.

Car la plus grande declinaison du
Soleil est aussi grande, qu'est l'arc du
Colure des Solstices compris entre l'E-
quateur & le point du Solstice.

5. *Le Colure des Solstices montre
aussi la distance des Poles du Zodiaque
de ceux du Monde.*

Cette distance est toûjours égale à
la plus grande declinaison du Soleil;
sçavoir, de 23. degrez 29. minutes.

De l'usage de l'Horizon.

1. *IL divise le Ciel en deux Hemispheres, l'un visible, & l'autre
caché.*

Cet usage est manifeste, quand on
est sur une montagne, & que l'on regarde à l'entour de soy. Car pour lors
la moitié du Ciel est visible, & l'autre
cachée. Ce qui arrive par la division
qu'en fait l'Horizon.

2. *La quantité du jour & de la nuit
artificielle, se prend à l'Horizon.*

La quantité du jour artificiel, est le
temps que demeure le Soleil depuis son
lever jusques à son coucher, qui se

prennent à l'Horison, comme la nuit artificielle est le temps que le Soleil demeure sous terre, depuis son coucher jusques à son lever.

3. *Montre le sejour que font les Astres sur l'Horizon.*

Il y a des Astres qui étant proches du Midy, ne demeurent guères après estre levez sur l'Horizon sans se cacher. Ainsi nous voyons que tant plus le Soleil s'approche de ces quartiers-là, tant moins les jours sont grands, & se couche bien plûtôt, que quand il approche du Septentrion.

4. *Montre le lever & le coucher de toutes les Estoilles.*

Le lever & le coucher des Estoilles, est quelquefois le point de l'Horizon où elles se levent, & où elles se couchent, quelquefois aussi le degré du Soleil, qui se leve & se couche avec elles, dequoy nous traiterons en l'usage de la Sphere.

5. *Montre quel degré du Zodiaque se leve avec chaque Estoille.*

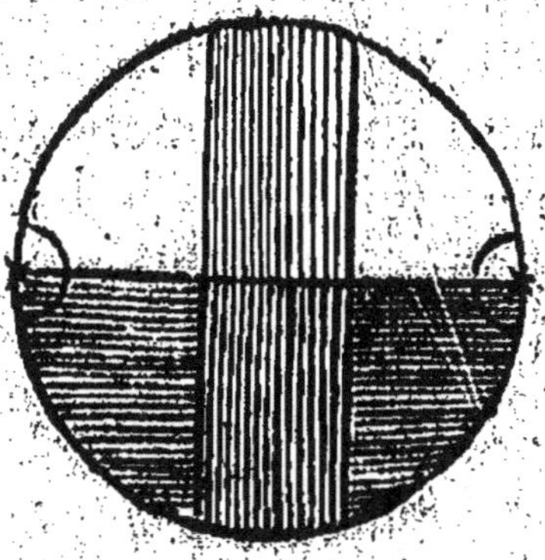 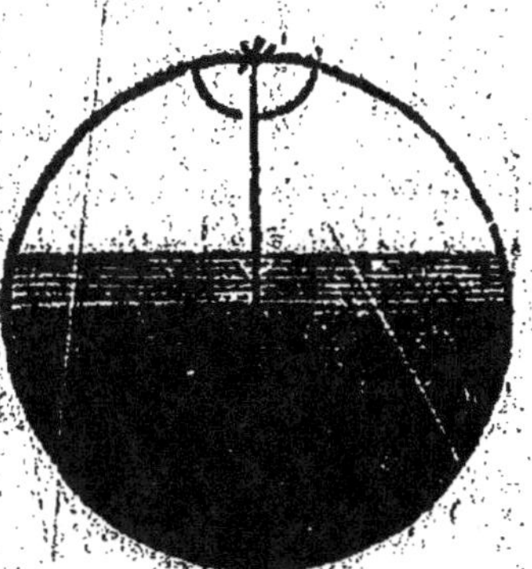

Ceux qui ont la Sphere droite, peuvent voir lever toutes les Estoilles, à cause qu'il n'y a aucune partie du Ciel qui ne se leve d'leur egard. Ceux qui ont la Sphere parallele n'ont aucun lever ny aucun coucher d'Estoille. Et ceux qui ont la Sphere oblique, selon qu'ils l'ont plus ou moins, en voyent une plus grande ou moindre partie. Ainsi l'Estoille de Canopus qui à peine peut estre veuë à Rhodes, paroist à Alexandrie.

6. *Montre les Estoilles qui paroissent toûjours, & celles que l'on ne voit jamais.*

Voyez la precedente explication, les

Estoilles qui sont toûjours sur l'horizon sans se coucher ny se lever, les Astronomes les appellent, Estoilles de perpetuelles apparition, & celles qui sont toûjours cachées au dessous de l'horizon, Estoilles de perpetuelle occultation. Les Grecs comprennent celles-là dans leurs Cercles Arctique comme nous avons dit, & celles-cy dans leur Cercle Anarctique, lesquels s'agrandissent ou se diminuent selon l'obliquité de la Sphere.

7. *L'Horizon est coupé en huit endroits, par le Meridien, l'Equateur, & les deux Tropiques. Les deux endroits, où le Meridien le coupe, s'appellent le Septentrion, & le Midy : où l'Equateur le coupe, l'Orient & Occident de l'Equinoxe, qui sont les quatre parties plus principales : les quatre autres se font aux sections des Tropiques, deux à celuy de l'Ecrevisse, que l'on nomme l'Orient & l'Occident d'Esté, les deux autres à celuy du Capricorne, qui font l'Orient & l'Occident d'Hyver.*

Les quatre parties principales du

Monde se prennent donc en l'Horizon ; mais les quatre autres, comme l'Orient & Occident d'Esté ; & l'Orient & Occident d'Hyver, ne s'y peuvent pas toûjours prendre, parce que quelquefois les Tropiques ne coupent aucunement l'horizon comme il arrive par delà l'élevation de 66. degrez. Cette division toutefois sur l'Horizon faite par ces quatre Cercles, a esté cause que les anciens Grecs & Latins établissoient seulement huit Vents ; sçavoir, deux à la section du Meridien, deux à la section de l'Equateur, deux à la section du Tropique de l'Ecrevisse, & deux autres à la section du Tropique du Capricorne. Mais les nouveaux y en content 32. également distans les uns des autres. *a*

a L'Horizon sert aussi aux Cosmographes pour sçavoir l'élevation du Pole, laquelle est toûjours égale à la distance de l'Equateur, appellée latitude. Il découvre aussi aux Astronomes l'amplitude Orientale & Occidentale du Soleil & des Estoilles, laquelle n'est autre chose que l'arc de l'Horizon entre le point où le Soleil ou l'Estoille se leve ou se couche, & les sections de l'Equateur & de l'Horizon, appellées points du vray Orient & du vray Occident, ou points de l'Orient & de l'Occident Equinoxial.

E iiij

De l'usage de l'Horizon sensible.

L'*Horizon sensible*, montre comme necessairement la Terre est ronde.

Car si elle estoit plate, comme quelques-uns ont voulu dire, outre plusieurs absurditez qui s'ensuivroient, on pourroit voir toute la Terre d'un seul lieu. Et si elle estoit de toute autre figure, les demy diametres de l'Horizon sensible seroient inégaux, & on verroit plus loin d'un côté que d'autre.

2. Denote aussi combien grande est la distance sur la Terre, où les Phœnomenes du Ciel ne se changent point.

C'est le sujet pourquoy les Anciens ont mis cet Horizon sensible, jugeant qu'il seroit absurde, de changer d'autant d'Horizons que l'on changeroit de pas : & ainsi ils ont donné au demy diametre de ce Cercle 400 stades, en l'étenduë desquelles le lever & le coucher des Astres, la hauteur du Pole & du Soleil, sont peu sensibles.

De l'usage du Meridien.

IL divise les jours & les nuits en deux parties égales.

Car il y a tout autant de temps depuis le lever du Soleil jusques à midy, que du midy jusques au coucher : & autant depuis le Soleil couché jusques à minuit, que de minuit jusques au Soleil levé.

2. *Tant plus les Estoilles approchent du Meridien, tant plus elles sont élevées sur l'Horizon.*

Comme on voit les Estoilles petit à petit se lever sur l'Horizon, aussi quand elles sont arrivées sous le Meridien, elles s'abaissent en aprés de la même façon vers le coucher.

3. *Montre combien le Soleil & les Estoilles sont élevées à midy, & à minuit sur la terre.*

Car l'arc du Meridien compris entre l'Horizon & le Soleil, où l'Estoille montre la hauteur Meridienne du Soleil, ou de l'Estoille.

4. *Selon les Astronomes, le commencement du jour naturel est au Meridien.*

Les Babyloniens commencent leur

jour au lever du Soleil, les Atheniens & les Italiens au coucher, les Egyptiens & les Chrestiens à minuit, & les Astronomes à midy.

5. Distingue la partie Orientale & Occidentale du Monde.

Bien qu'il n'y ait point proprement d'Orient & d'Occident au Monde, à cause du mouvement circulaire du Soleil, neanmoins à l'égard d'un lieu les uns peuvent estre dits Orientaux, les autres Occidentaux. Ainsi la France est Occidentale à l'égard de l'Italie, mais elle est Orientale à l'égard de l'Espagne.

a. Le Meridien sert aussi pour l'élevation du Pole sur l'Horizon, laquelle n'est autre chose que l'arc du Meridien entre le Pole & l'Horizon. Nous avons déja dit que l'élevation du Pole est égale à la latitude, ou à l'arc du Meridien entre le Zenith & l'Equateur.

Il sert encore à mesurer la longitude d'un Pays, laquelle n'est autre chose que l'arc de l'Equateur, ou d'un de ses paralléles entre le Meridien de ce lieu & le premier Meridien, que les Anciens avec Ptolomée faisoient passer par les Isles Fortunées, & que les Modernes ont fait passer par l'Isle de Fer, la plus Occidentale des Canaries.

De l'usage du Meridien sensible.

LE Meridien sensible marque combien grande est l'étenduë de la Terre vers le levant & vers le couchant, où les Phænomenes du Ciel demeurent semblables.

Bien que le Meridien sensible soit au Ciel, il a pourtant quelque rapport à la surface de la terre qui luy est semblable au dessous. Geminus ne le fait variable qu'aprés avoir varié vers l'Orient ou l'Occident de 400 stades de distance, qui sont quelques vingt-cinq lieuës, tout autant qu'il en a donné à l'Horizon sensible. Aprés lequel changement plusieurs apparences celestes se changent, comme la hauteur du Soleil & des Astres, la latitude de la Region, le lever & le coucher des Estoilles, & la grandeur des jours & des nuits.

De l'usage des Tropiques.

LEs deux Tropiques enferment la route ordinaire du Soleil, & en sont comme les bornes, au delà desquelles il ne s'éloigne point.

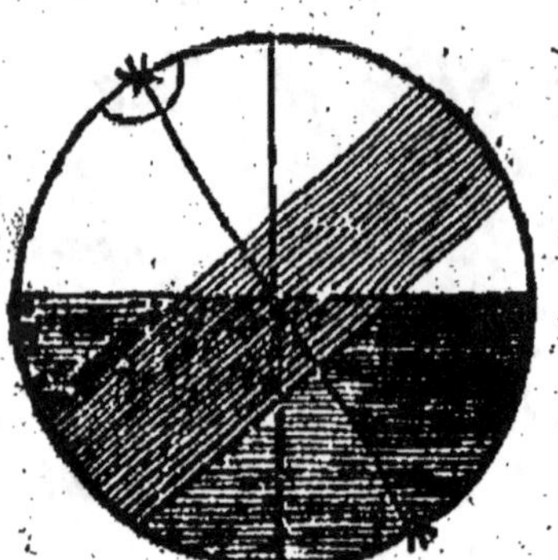

Depuis un Tropique jusques à l'autre, le Soleil fait environ 182. revolutions & demy, & autant avant qu'il soit retourné d'où il est party, & cette espace de temps determine l'année solaire.

2. *Les deux Tropiques montrent où le Soleil fait le plus long jour d'Esté, & le plus petit jour de l'Hyver.*

Le jour est le plus grand en la Sphere oblique quand le Soleil est au Tropique d'Esté, & la nuit plus petite, parce que la plus grande partie de ce Cercle paroist sur l'Horizon, & la plus petite est cachée ; & au contraire, le jour est plus petit, & la nuit plus grande au Tropique d'Hyver, parce que la plus petite partie est sur l'Horizon, & la plus grande au dessous. a

a Les deux Tropiques servent aussi à distinguer la Zone torride des deux temperées, dont nous allons parler, & à déterminer la plus grande declinaison du Soleil, laquelle est d'environ 23. degrez & demy, comme nous avons déja dit ailleurs.

De l'ufage des Polaires.

LEs Cercles Polaires montrent quelle eſt la diſtance entre les Poles du Monde & du Zodiaque.

Les Polaires des Grecs n'avoient pas cet uſage, mais auſſi ils en avoient un autre, qui eſtoit de montrer la partie du Ciel qui eſtoit toûjours viſible, & qui ne ſe couchoit jamais, & celle que l'on ne pouvoit voir, & qui ne ſe levoit point.

2. Les Cercles Polaires, avec les deux Tropiques, diviſent la ſurface du Ciel en cinq bandes, que les Anciens ont nommé Zones.

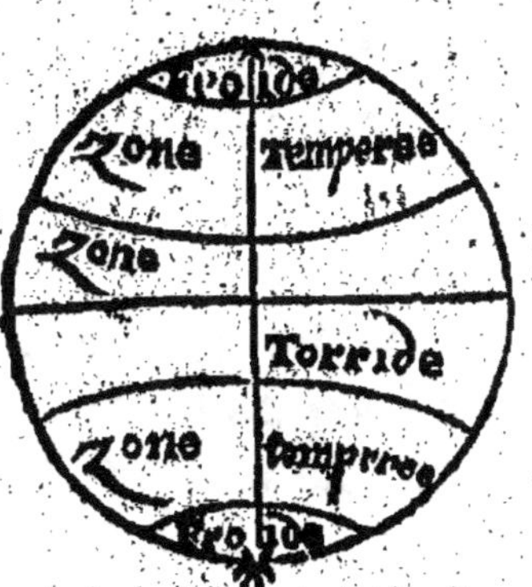

Les Grecs appellent Zones, comme s'ils diſoient ceintures, parce que ces Zones entourent le Ciel en façon de ceintures, ils en nommoient une torride entre les deux Tropiques, deux froides à l'entour des Cercles Polaires, & deux temperées entre les Polaires & les Tropiques, deſquelles nous traiterons cy-aprés en un autre endroit. a

De l'usage des Cercles verticaux ou Azimuths.

LEs deux principaux Azimuths divisent l'Hemisphere superieur en quatre parties, que l'on appelle quartes.

Pour voir cela facilement, prenez la Sphere, & joignez l'Equateur avec l'Horizon. En aprés, mettez un des Colures sous le Meridien, alors vous verrez que l'Hemisphere est divisé en quatre parties, par les deux Colures qui representent les deux principaux Azimuths, & la partie qui est entre le Septentrion & l'Orient, s'appelle quarte Septentrionale Orientale : celle qui est entre l'Orient & le Midy, quarte

a Les deux Cercles Polaires renferment les Peuples Septentrionaux & Meridionaux, qui ont les grands jours & les grandes nuits de plusieurs mois, même qui n'ont sous les Poles qu'une seule nuit & qu'un seul jour dans une année.

Ces Cercles servent aussi à separer les deux Zones froides ou glacées, des deux temperées, comme vous avez vû. Plus on approche des Poles, plus il y a de crepuscule à cause de l'obliquité de la Sphere.

Orientale Meridionale : celle qui eſt entre le Midy & Occident, quarte Meridionale Occidentale : & enfin celle qui eſt entre l'Occident & le Septentrion, ſe nomme quarte Occidentale Septentrionale.

2. *Ils montrent en quelle partie du Monde ſont les Aſtres, & combien ils en ſont éloignez.*

Cela eſt aiſé à concevoir ; car ſi une Eſtoille ſe trouve entre le vertical qui paſſe par le Septentrion, & celuy qui paſſe par l'Orient (que quelques-uns appellent premier Azimuth) on dira qu'elle ſera en la partie du Monde Septentrionale Orientale : Si elle eſtoit ſous l'une de ces deux, elle ſeroit dite abſolument ou Septentrionale, ou Orientale. Et ſi elle en eſtoit éloignée de trois ou de quatre Azimuths, on diroit qu'elle ſeroit éloignée de trois ou de quatre degrez, ſelon la partie du Monde où elle ſe trouveroit. *a*

a Les Azimuths ſervent auſſi à determiner la hauteur du Soleil, ou d'une Eſtoille ſur l'Horizon. Cette hauteur n'étant autre choſe que l'arc du Vertical qui paſſe par le centre de l'Aſtre, entre ce même centre & l'Horizon.

De l'usage des Cercles de hauteur, ou Almucantaraths.

1. **C**ES Cercles montrent la hauteur des Astres sur l'Horizon.

Il est bien vray, que la hauteur des Astres se prend sur les verticaux : Mais l'arc du vertical compris entre l'Horizon & l'Almucantarath, est celuy qui la détermine aussi, comme nous avons déja dit.

2. Avec les Cercles verticaux ils servent, pour connoistre les Estoilles qui sont à la Sphere, & pour assigner leur vray lieu dans le Ciel.

Car la Sphere artificielle étant disposée selon les parties du Monde (comme il sera enseigné cy-aprés au cinquiéme Livre) les verticaux montrent en quelle partie du Ciel sont les Astres, & combien ils sont distans du commencement de cette même partie : Et les Almucantaraths, quelle est leur élevation, qui ensemble determineront précisément le lieu qu'ils occupent au dessus de l'Horizon.

De

De l'usage des Cercle des Longitude.

I Ls montrent quelle est la Longitude des Estoilles.

Pour bien entendre cecy, il faut avoir un Globe Celeste, où l'on verra que le Cercle de Longitude qui passe par le commencement du Belier, est le premier ; & que les Estoilles qui sont sous ce Cercle, n'ont aucune Longitude : Mais autant qu'ils s'en éloignent, selon l'ordre des Signes, ils sont dits en avoir autant qu'il y a de degrez de l'Ecliptique, compris entre le premier Cercle de Longitude, & celuy de l'Estoille.

2. *On connoist par leur moyen en quel Signe sont les Planetes & les Estoilles.*

Parce qu'il y a six Cercles de Longitude qui passent par les commencemens des douze Signes (comme on peut voit au Globe Celeste) qui divisent toute la surface du Ciel en douze parties égales ; chaque Estoille est dite estre au signe, lequel est compris entre deux demy Cercles de Longitude.

F

De l'usage des Cercles de Latitude.

1. ILs montrent quelle est la Latitude des Estoilles.

Bien que la Latitude des Estoilles (qui est la distance qu'elles ont de l'Ecliptique) se prenne sur les Cercles de Longitude, neanmoins elle est bornée par les Cercles de Latitude, qui sont paralleles à l'Ecliptique.

2. Avec les Cercles de Longitude ils servent à la fabrique des Globes Celestes, & à connaistre le vray lieu des Estoilles.

Car le vray lieu de l'Estoille se trouve sur le Globe à la section des deux Cercles de Longitude & de Latitude. *a*

a Les Longitudes des Astres se prennent sur l'Ecliptique ou sur un Cercle parallele à l'Ecliptique. Les Latitudes se comptent depuis l'Ecliptique sur un cercle de Longitude, & les Declinaisons depuis l'Equateur sur un Meridien, vers l'un des deux Poles, ce qui fait dire que la Declinaison est Septentrionale, ou Meridionale.

De l'usage des Cercles de Declinaison.

CEs Cercles montrent quelle est la declinaison des Planettes & des Estoilles.

Bien que la declinaison des Estoilles (qui n'est autre chose que la distance qu'elles ont de l'Equateur,) se prenne sur les Meridiens, neanmoins elle est terminée par les Cercles de Declinaison, qui sont paralleles à l'Equateur. a

a Ces Cercles de Declinaison sont à l'égard de l'Equateur, ce que les Cercles de Latitude des Estoilles sont à l'Ecliptique : comme les Cercles Meridiens sont à l'égard de l'Equateur, ce que les Cercles de Longitude des Estoilles sont à l'égard de l'Ecliptique.

TRAITE'
DE LA SPHERE
DU MONDE.

LIVRE. II.

Jusques icy nous avons expliqué toutes
les parties de la Sphere artificielle ;
pour avoir une plus facile intelligence
de la Sphere naturelle, de laquelle
nous traiterons icy.

De la Sphere naturelle.

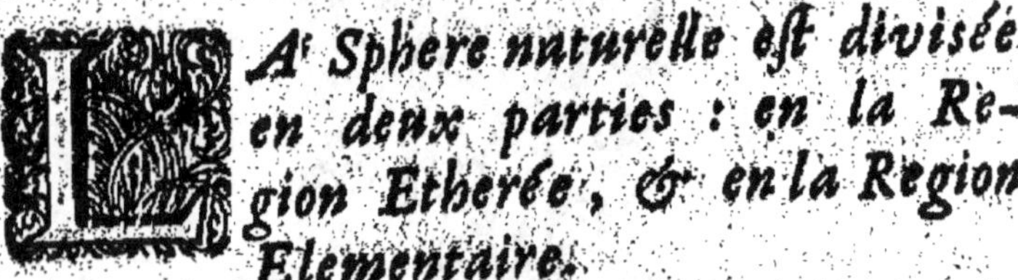

LA Sphere naturelle est divisée
en deux parties : en la Region Etherée, & en la Region
Elementaire.

La Region Etherée est la partie du
Monde, qui comprend les Orbes Celestes, que l'on appelle Cieux : & la

Region elementaire, est celle qui contient les Elemens.

Systeme de l'Univers comprenant l'une & l'autre Region.

LA Region Etherée est composé de dix Cieux ; à sçavoir, du dixiéme ou premier Mobile, du neuviéme ou Cryſtalin, du huitiéme ou Firmament, des Cieux de Saturne, de Jupiter, de Mars, du Soleil, de Venus, de Mercure, & de la Lune.

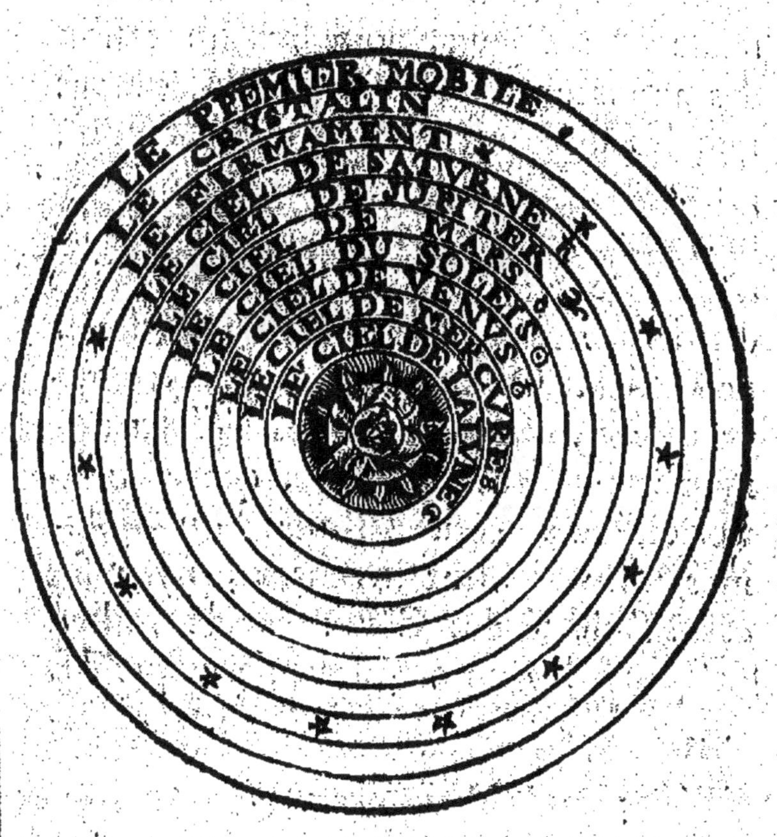

J'avertiray icy en peu de mots ceux qui aiment ces Sciences, qu'il n'est pas necessaire de croire que les suppositions Astronomiques soient vrayes, il suffit qu'elles soient vray-semblables. Car en effet, s'il y avoit de la verité, elles seroient une, & non diverses, comme il paroist par les diverses pensées de divers Auteurs. Cependant, l'invention des Astronomes est à loüer, d'avoir inventé ces Orbes concentriques, eccentriques, & ces epicycles aux mouvemens des Cieux, pour rendre raison des apparences Celestes. Mais dautant que les uns ont procedé d'une façon, les autres d'une autre, j'ay suivy icy la plus commune opinion, qui est celle d'Alfonse, pour n'avoir encore rien d'assez resolu, selon les hypotheses nouvelles. Outre, que ceux qui apprennent, conçoivent plus aisément la simplicité de ces Cercles, que la multiplicité des concentriques, ou Systemes nouvellement inventez, ny enfin cette fluidité des Cieux par le milieu desquels il y en a qui veulent que les Astres soient portez par une nature interne qui les conduit.

Que les divers mouvemens que l'on a observé aux Corps Celestes, ont esté cause que l'on a supposé plusieurs Cieux.

LEs Observations ont fondé cette hypothese comme les autres. Car on a veu que les Corps Celestes n'étoient pas toûjours en pareilles distances entr'eux, & que le Soleil, la Lune, & les autres Planetes, s'approchoient & s'éloignoient quelquefois de quelques Estoilles fixes, & de nous pareillement. Ce qui a esté cause que les Astronomes ont dit qu'il y avoit plusieurs Cieux, pour avoir observé plusieurs sortes de mouvemens.

Des deux Mouvemens contraires qui sont aux Cieux.

IL y a deux sortes de mouvemens aux Cieux, l'un qui se fait d'Orient en Occident par le Midy, qui appartient au Ciel plus éloigné, & s'appelle mouvement premier, ou mouvement rapide, parce qu'il entraîne avec soy

tous les Cieux inferieurs. L'autre qui
est au contraire du premier d'Occident
en Orient, est dit mouvement second,
& est propre à tous les Cieux inferieurs. Mais comme il n'y a guere
d'hommes au monde qui n'ait observé
le premier, aussi s'en trouve-t'il fort
peu qui ayent observé le second : Ce
que toutesfois il est aisé de remarquer
au mouvement de la Lune, en une
même nuit : Car si on considere com-

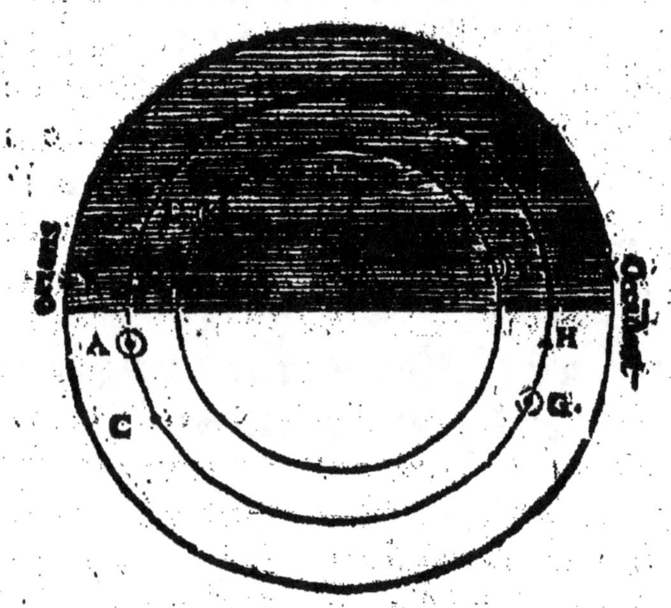

bien elle est distante de quelque Estoille qui se leve aprés elle, on trouvera
avant qu'elle se couche, qu'elle sera
moins

moins éloignée qu'elle n'estoit à son
lever, à cause du chemin qu'elle aura
fait de son cours naturel pendant ce
temps-là. On pourra faire la même
observation en toutes les autres Planetes, quoy qu'avec plus de temps & de
difficulté.

Du nombre des Cieux.

IL y a icy, comme en toute autre
doctrine, de la varieté ; les uns con-
stituant huit Cieux dans la Sphere naturelle, les autre neuf, les autres dix,
& les autres onze. La varieté vient en
partie des observations, en partie aussi
des diverses suppositions & hypotheses. Jusques au temps d'Aristote, on
s'étoit contenté du nombre de huit, à
cause des huit mouvemens divers, que
seulement on avoit observé aux Corps
Celestes. Mais comme les Sciences se
perfectionnent avec le temps, quand on
a reconnu aprés une longue suite d'années, que les Estoilles avoient un mouvement different de celuy du Monde,
on a été forcé pour ne donner deux
mouvemens contraires à un corps simple, comme sont les Cieux, de suppo-

ſer un neuviéme Ciel imaginaire au
deſſus, qui comme premier Mobile,
emportoit par ſa rapidité tous les autres avec ſoy. Et pour le même ſujet,
on y a ajoûté encore du depuis un dixiéme, aprés que l'on a reconnu qu'il
y avoit trois mouvemens differens au
Firmament : Voila ce qu'ont fait les
obſervations. D'autre part, les diverſes
hypotheſes que les Aſtronomes ont inventé, pour rendre raiſon des apparences ſelon leur phantaiſie, ont confon-
du auſſi ce nombre, les uns aſſeurant
qu'il n'y a que huit Cieux, mais que
la Terre eſt mobile : les autres neuf,
avec la terre ferme : les autres ôtant
entierement la ſolidité des Cieux que
les precedens avoient étably, ſe ſont
contentez des revolutions ſeules, & ont
fait aller les Aſtres parmy la Region
Etherée, comme les oyſeaux volent en
l'air, & les poiſſons coulent en l'eau :
& tout cela avec tant de varieté, que
ce ſeroit choſe ſuperfluë, que de vouloir rapporter icy toutes les diverſes
opinions. Pour trancher court, nous
dirons, ſelon l'opinion la plus receuë,
qu'il y a dix Cieux, qui s'environnent
les uns les autres au deſſus de la Re-

gion Elementaire : le premier desquels
& le plus bas, est celuy de la Lune,
puis celuy de Mercure, de Venus, du
Soleil, de Mars, de Jupiter, de Saturne, le Firmament où sont les Estoilles
fixes : le neuviéme Ciel qui est sans
Estoilles, & le dixiéme & dernier de
tous, qui est le premier Mobile.

De l'ordre des Cieux.

D'Autant qu'au temps passé il y a
eu des opinions diverses, touchant l'ordre & la disposition des Cieux,
les uns ayant mis le Soleil & la Lune
au dessus des autres Planetes, comme
y'ayant quelque autorité : D'autres
comme Platon, asseurant que les luminaires estoient les plus proches de la
Terre, pour y découler avec plus d'effet leurs influences. Quelques-uns,
comme Democrite, voulans que Mercure fût le plus haut élevé, à bon
droit on pourroit demander comment
on a étably l'ordre des Cieux. Mais
en voicy les raisons : premierement, les
Eclipses y ont grandement servy. Car
c'est une chose manifeste, que l'Estoille qui nous empêche que nous n'en

voyons une autre, est la plus proche de la Terre. C'est pourquoy on a tenu pour asseuré, que le Ciel de la Lune estoit le plus bas, puis que la Lune cachoit toutes les autres Planetes, & qu'aucune n'en empêchoit la veuë. Pour la même cause, on a mis le Soleil au dessus de la Lune, & de Mercure aussi, que l'on a veu dans le corps du Soleil. La seconde raison, est tirée du mouvement des Planetes. Car si on presuppose que les Planetes vont à peu prés aussi vîtes l'une que l'autre, il est necessaire que celles que nous voyons estre plus long-temps à faire leurs cours au tour du monde, soient les plus éloignées de la Terre : Et ainsi

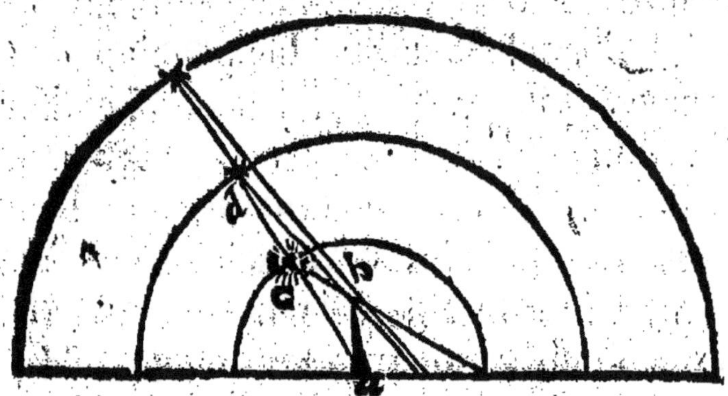

Saturne le sera plus que Jupiter, & Jupiter plus que Mars, & ces trois plus éloignez que les quatre autres. Troi-

fiément, on en peut encore tirer
quelque conséquence par les ombres,
que le ftyle perpendiculaire fait fur une
furface plane en effet, ou par imagina-
tion, c'eft à dire, par le moyen du
rayon vifuel. Car fi le Soleil & la Lune font par exemple en même degré de
hauteur fur l'Horizon, l'ombre de la
Lune s'étendra plus loin que celle du
Soleil. Mais la plus certaine preuve, &
qui détermine plus affeurément les diftances que tous les Aftres peuvent
avoir à l'égard de la Terre, eft la parallaxe. Car felon qu'ils feront prés
ou loin de la Terre, la parallaxe fera

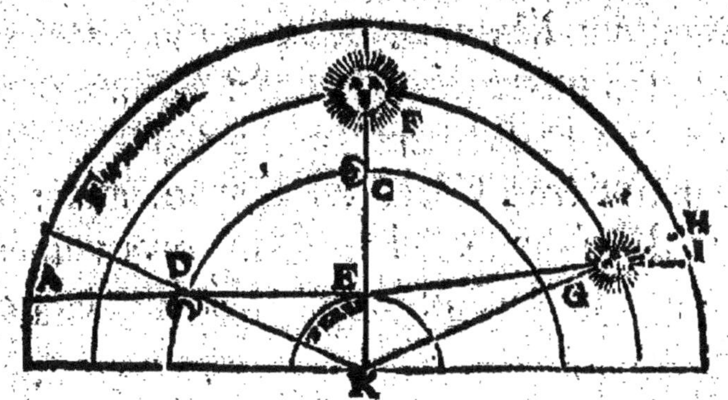

plus grande ou plus petite, & s'il ne
s'en trouve point, c'eft une marque
certaine, que le corps eft tres-éloigné.
C'eft pourquoy la Lune a efté mife la
plus baffe, pour avoir une plus grande

parallaxe : le Soleil plus haut, pour n'en avoir pas tant ; & Mars encore plus loin, pour l'avoir comme insensible.

Des Periodes des Cieux.

TOus les Cieux font un circuit au tour de la Terre, comme au tour de leur centre. Mais plus ils en font éloignez, plus ils font long-temps à achever leur periode. La Lune comme estant au Ciel le plus bas, & plus proche de la Terre, fait sa revolution en 27. jours & 8. heures : Mercure, Venus, & le Soleil, en 365. jours & 6. heures : Mars en deux ans, ou environ : Jupiter, en douze : Saturne, en trente : le Firmament, en 7000. ans : le neuviéme Ciel, en 49000. ans : & le dixiéme Ciel, d'un mouvement contraire à ceux-là, en 24. heures, ou en un jour naturel.

Des distances des Cieux.

COmme les Geometres se servent de la Toise & de la Perche, pour mesurer toutes sortes de grandeurs sur

la terre : Ainſi les Aſtronomes ont pris
le demy diametre de la Terre, pour
meſurer les diſtances des Cieux ; & di-
ſent que le Ciel de la Lune eſt éloigné
du centre de la Terre de 33 demy diametres : celuy de Mercure de 64. cel-
luy de Venus de 167. celuy du Soleil
de 1111. celuy de Mars de 1216. celuy
de Jupiter de 7852. celuy de Saturne
de 14373. le Firmament de 22612. Et ſi
les plus petites Eſtoilles ſont de même
groſſeur que les plus grandes, & qu'elles paroiſſent ſeulement plus petites,
parce qu'elles ſont plus éloignées depuis le centre de la Terre juſques à
elles de 45225. demy diametres, qui eſt
une ſi grande diſtance, que ſi nôtre
premier Pere vivoit encore, & que depuis ſa creation il euſt fait tous les
jours dix-huit lieuës vers les Cieux,
ils ne ſeroit pas encore arrivé preſentement juſques à la concavité du huitiéme Ciel. Et je diray davantage, pour
repreſenter combien les Eſtoilles ſont
éloignées de nous : Que ſi une balle
de canon eſtoit au lieu où elles ſont,
& qu'elle vint à tomber, quand elle
deſcendroit à chaque heure deux cens
lieuës embas, elle mettroit plus de

G iiij

quinze ans à tomber sur terre. De la
distance des Cieux qui est icy mise, on
pourra voir quelle est l'épaisseur de
chaque Orbe, ou Ciel, en ôtant la
moindre distance de la plus grande qui
la suit : Comme si on ôte 33. de 64.
restent 31. & d'autant de demy diametres est l'épaisseur du Ciel de la Lune,
& ainsi des autres.

De la vistesse & de la rapidité des Cieux.

EN supposant que la Terre est immobile, il est necessaire que les
Cieux se meuvent : mais leurs mouvemens seront bien plus rapides aux uns
qu'aux autres. Car tous les Cieux
ayant à tourner autour de la Terre en
24. heures, il s'ensuit que les plus éloignez iront beaucoup plus viste que ceux
qui seront plus proches, comme ayant
à faire plus de chemin : & par ce moyen
la Lune comme la plus basse va plus
lentement que ne fait le Soleil : le
Soleil, beaucoup plus viste : Saturne,
encore davantage. Et le Firmament,
où sont les Estoilles fixes, court d'une
telle rapidité, principalement au mi-

lieu du Ciel, que Cardan aprés avoir
obſervé que le poux d'un homme temperé ſe meut en une heure environ
4000. fois, aſſeure qu'en l'eſpace d'un
de ces mouvemens d'artere, une Eſtoille qui ſeroit ſous l'Equateur, feroit
2264. lieuës Françoiſes, qui eſt une
viſteſſe ſi grande, que la bale d'un
canon ne la ſçauroit egaler. Et à cette
cauſe, pluſieurs Aſtronomes jugeant ce
mouvement eſtre abſurde & incompa-
tible avec la nature, ont mieux aimé,
pour ſauver les apparences celeſtes,
ſuppoſer que la Terre eſt mobile.

Du dixiéme Ciel.

LE dixiéme Ciel eſt celuy qui eſt le
plus éloigné de la Terre, qui fait
ſon tour en 24. heures d'Orient en Occident par le *Midy*, & qui de ſa rapidité entraîne avec ſoy tous les Cieux
inferieurs.

Il n'eſt pas beſoin d'employer aucuns diſcours touchant les parties de ce
Ciel, ayant eſté ſuffiſamment décrites
au Livre precedent. Car tous les Cercles de la Sphere qui cy-devant ont
eſté definis, ſont tous au dixiéme Ciel.

On observera seulement que ce Ciel est celuy qui donne le branfle à tout l'Univers, que l'on nomme le mouvement du Monde, contre lequel tous les autres Cieux cheminent obliquement, fans toutefois le pouvoir empêcher, qu'il ne leur fafle faire un tout avec luy malgré eux, comme l'experience journaliere le témoigne. a

Du neuviéme Ciel.

LE neuviéme Ciel est un Ciel imaginaire, qui n'a aucune Eftoille non plus que le dixiéme, auquel il est contigu, qui fait fa revolution en 49000. ans.

Si on fuppofe, pour maxime, qu'un corps fimple ne peut avoir qu'un mouvement naturel, & quand il en a plufieurs, qu'il est neceffaire que les au-

a Ce Mouvement s'appelle *premier*, pour le diftinguer de tous les autres, qui s'appellent *feconds*, & qui luy font retrogrades. Il s'appelle *diurne*, parce qu'il fait le jour naturel de 24. heures. Il fe nomme encore *Mouvement de rapt*, parce qu'il ravit & entraîne, quoy que fans violence, tous les Cieux inferieurs, & tous les Aftres.

tres se fassent par accident : Ce n'est
pas sans sujet, que les Astronomes ont
ajoûté au dessus du Firmament deux
autres Cieux, pour rendre raison des
trois mouvemens qui s'observent aux
Estoilles fixes.

Des mouvemens du neuviéme Ciel.

IL y a deux sortes de mouvemens au
neuviéme Ciel ; l'un tres-viste, d'O-
rient en Occident ; & l'autre tres-lent,
qui va tout au contraire.

Le premier Mobile n'a eu qu'un mouvement ; le neuvieme Ciel qui luy est
contigu en a deux, l'un provenant du
Ciel superieur, qui agit sur l'inferieur,
qui luy fait faire un tour en 24. heures sur les Poles du Monde. Et l'autre
qui luy est particulier d'Occident en
Orient sur les Poles du Zodiaque du
dixiéme Ciel , lequel n'acheve son circuit qu'en l'espace de 49000. ans. Ce
Periode s'appelle la grande année, à la
fin de laquelle les Philosophes du temps
passé se sont imaginez, que toutes choses reviendroient à prendre le même
estre qu'ils ont eu, & que derechef
ce grand Achille seroit renvoyé pour

combattre à Troyes. *a*

Du Zodiaque du neuviéme Ciel.

LE Zodiaque du neuviéme Ciel, èst un grand Cercle directement au dessous de celuy du dixiéme, qui fait en un an, d'Occident en Orient, environ 44 minutes regulierement.

Ce Zodiaque n'a point d'Etoilles,

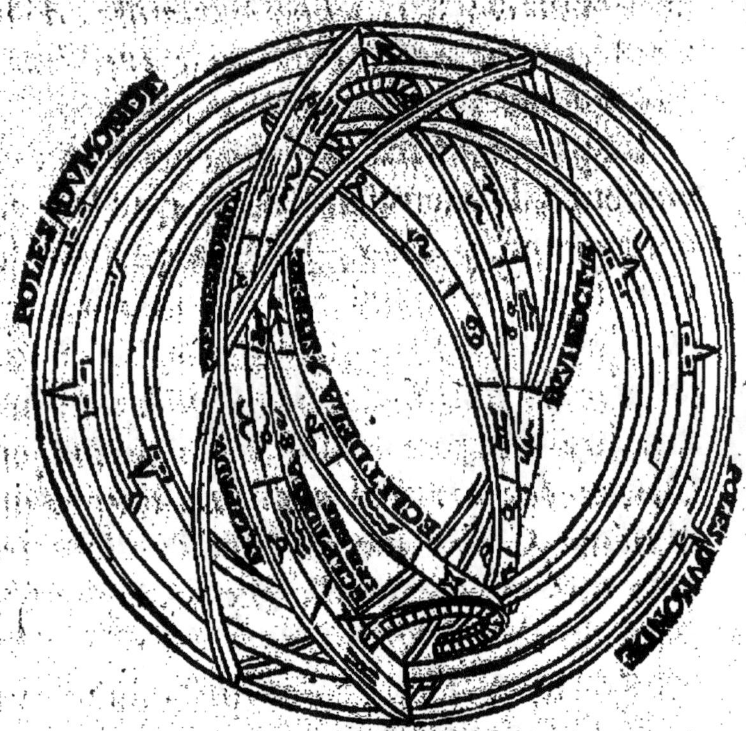

a Ce Mouvement étant fort lent est difficile à observer, ce qui fait que son Periode n'est pas le même chez tous les Astronomes. Les 49000 ans que l'Auteur luy

donne , est selon les Tables Alphoncines,
Ptolomée luy donne 36000 ans , pour avancer d'un degré en cent années. Albategnius
luy attribuë 23760 ans , & Copernic le fait
de 25798 ans , pour avancer toutes les années d'environ 50 secondes.

non plus que celuy du dixiéme Ciel.
Neanmoins les douziémes parties de
ce Cercle , ne laissent pas d'estre appellées signes : où l'on remarquera,
que du temps de l'Incarnation de Jesus-
Christ , les commencemens du Belier
du dixiéme & du neuviéme Ciel étoient
l'un sous l'autre , lesquels à present se
sont avancez d'environ 11. degrez , &
30. minutes.

Du huitiéme Ciel.

LE huitiéme Ciel ou Firmament , est
le Ciel des Estoilles fixes , qui fait
sa revolution en 7000 ans.

L'espace de la vie de l'homme n'ayant
pas esté suffisant pour remarquer le
mouvement des Estoilles fixes , a esté
cause que pendant long-temps il a esté
ignoré. Hypparchus fut le premier qui
soigneusement s'y addonna , & ayant
comparé les observations qu'il avoit fai-

res du lieu des Estoilles avec celles de Timocharis, qui l'avoit precedé de quelques 56 ans, reconnut enfin qu'elles avoient un mouvement tres-lent d'Occident en Orient. Ce que Proloémée, qui vint 280 ans aprés Hypparchus, confirma, asseurant qu'en cent ans les Estoilles faisoient un degré, & que par consequent, le Periode de ce mouvement estoit de 36000 ans sur les Poles du Zodiaque : Voila quelle en a esté l'opinion jusques en ce temps-là. Mais parce que depuis on a reconnu que le mouvement des Estoilles n'étoit pas reglé, & que quelquefois il estoit plus viste, d'autrefois plus tardif, quelquefois stationnaire, & d'autrefois retrograde, selon la diversité des siecles, on a esté contraint d'avoir recours à d'autres hypotheses, pour sauver les apparences Celestes. Thebit fils de Corat, Juif de nation, en inventa de nouvelles, lesquelles bien qu'elles ne puissent pas rendre raison de tous les Phœnomenes Celestes, neanmoins il a frayé le chemin à ce grand Alfonse dixiéme Roy de Castille, d'inventer les siennes, qui sont beaucoup plus conformes au mouvement du Firmament.

Que si elles ne satisfont pas encore exactement, au moins elles donneront peut-estre occasion à quelque bel esprit d'en supposer d'autres, qui seront plus certaines. Cependant on se contentera de celles-cy.

Des trois Mouvemens qui s'observent aux Estoilles fixes.

IL y a trois sortes de *Mouvemens* aux *Estoilles* : le *premier, tres-viste* ; sçavoir, le *journal* : le *second*, qui est *tres-lent* : & le *troisiéme*, de *trépidation*, qui luy est particulier.

Le premier mouvement est tres-manifeste, étant celuy qui se fait d'Orient en Occident sur les Poles du Monde en 24. heures, par la rapidité du dixiéme Ciel. Le second est celuy qui se fait d'Occident en Orient sur les Poles du Zodiaque, à chaque centaine d'année s'avançant de 44. minuttes & 4 secondes, son periode est de 49000 ans, & est causé par le tardif & progrez du neuviéme Ciel. Le troisiéme, qui luy est particulier, merite bien d'estre décrit particulierement.

Du Mouvement de Trepidation.

LE Mouvement de Trepidation est un mouvement propre aux Estoilles, par lequel ils s'approchent & s'éloignent du Midy & du Septentrion.

Ce Mouvement se fait sur deux petits Cercles de 18. degrez de diametre, qui ont pour centre les commencemens

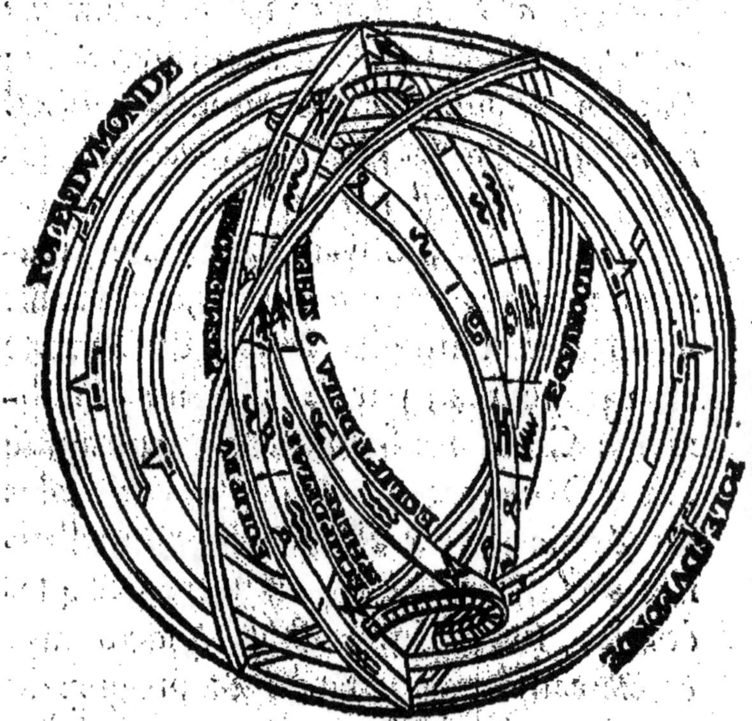

du Belier & de la Balance du neuviéme Ciel, & leurs circonferences décrites par les commencemens du Belier

&

& de la Balance du huitiéme. Ils font un tour en 7000 ans, durant lequel temps les Ecliptiques fe coupent diverfement, & quelquefois font unies enfemble. Par ce mouvement le commencement du Belier du huitiéme Ciel, va pour le temps prefent encore felon l'ordre des Signes, & il eft diftant de celuy du 9. de 8. degrez ou environ, & de l'interfection vernale, ou du Belier du premier Mobile de quelques 27. degrez.

Du Zodiaque du huitiéme Ciel.

IL y a trois Zodiaques ; l'un au dixiéme Ciel, fous lequel directement eft celuy du neuviéme : Et enfin le Zodiaque du Firmament. D'où il fuit qu'il y a trois Ecliptiques aux Cieux, celles du premier Mobile, & du neuviéme Ciel, qui font eftimées comme une feule, pour eftre l'une au deffous de l'autre, & s'appellent Ecliptique fixe, ou immuable, dautant qu'elles ne s'écartent en un temps plus qu'en l'autre de l'Equateur. Et celle du huitiéme Ciel, qui eft dite mobile, parce qu'elle ne garde pas une égale diftance avec l'Equinoctial, mais s'en éloigne, & s'en approche plus ou moins, selon le mouvement propre du Firmament, qui se fait sur ces deux petits Cercles, qui ont pour centre les commencemens du Belier & de la Balance du neuviéme Ciel. Elle est aussi appellée la vraye Ecliptique, parce que c'est sous celle où se font les Eclipses, & que le Soleil parcourt continuellement. Et à l'égard de laquelle se lieu de toutes les Estoilles & de toutes les Planetes se considere ; l'Ecliptique immuable n'étant supposée que pour regler l'irregularité de la vraye, qui est muable.

De la section des Ecliptiques.

IL y a deux choses dignes de remarque au mouvement de Trepidation. La premiere, que les trois Ecliptiques sont rarement dans une même surface plane. Celle du huitiéme Ciel, faisant le plus souvent une declinaison notable d'avec les deux superieures qui sont jointes ensembles. L'autre, que l'Ecliptique du huitiéme Ciel, qui est celle sous laquelle le Soleil chemine, coupe l'Equateur en divers endroits, à cause

de la mutabilité. Et que par confequent, les fections equinoctiales qu'elle
fait avec ce Cercle, font variables, &
differentes de celles que fait l'ecliptique du premier Mobile, qui font fixes.
Aufsi quelquefois elles vont les premieres, & d'autresfois elles vont aprés.

Des Estoilles.

UNe Estoille est la partie la plus
dense & la plus luisante de son
ciel.

Les Anciens en ont compté jusques
à 1022. qu'ils ont nommées fixes, parce
qu'elles n'ont aucun mouvement dere-
glé ; mais elles gardent entr'elles toûjours pareilles distances, comme si elles
estoient fichées dans le Firmament ; ou
comme d'autres veulent, parce qu'elles
font emportées d'un mouvement tres
tardif, que les Astronomes ont reconnu par plusieurs observations faites en
un long espace de temps.

Il y a des Estoilles dans le Ciel qu'on
appelle nebuleuses, à cause qu'elles
femblent environnées d'un petit nuage.
On connoît par les Lunettes, que ces
Estoilles nebuleuses ne font qu'un amas

de petites Estoilles qui ne se voyent que confusément à l'œil. Telle est celle de Cancer, d'Orion, du Sagittaire, & une autre qui a esté trouvée par Monsieur Cassiny dans l'espace qui est entre le grand & le petit Chien, qui est une des plus belles à la Lunette.

Il y a encore des nebuleuses que la Lunette ne fait que montrer plus grandes, sans les distinguer en Estoiles, comme est celle de la ceinture d'Andromede, & une dans l'épée d'Orion : dont la premiere approche de la figure triangulaire, la seconde à celle d'un fer de cheval, qui renferme un espace extrémement sombre. Et enfin une qui estoit proche de Saturne le mois de Septembre 1665. au rapport de Monsieur Cassiny, Directeur de l'Observatoire Royal à Paris.

Des Asterismes.

A*Sterisme ou Constellation est une quantité d'Estoilles fixes, representant par leur ordre ou disposition l'image de quelque chose.*

Les Phœniciens pour mieux connoistre les Estoilles, les ont distinguées en certaines claſſes, qu'Hypparchus homme Aſteriſmes, & les Latins Conſtellations. Deſquelles il y en a douze au Zodiaque ; ſçavoir, le Belier, ou Jupiter Ammon : le Taureau, porteur d'Europe, ou Io : les Gemeaux, ou Caſtor & Pollux : l'Ecreviſſe : le Lyon Neméen : la Vierge, ou Cerés : la Balance : le Scorpion, ou la grande beſte : le Sagittaire, ou Chiron : le Capricorne, ou bouc marin : le Verſe-eau, ou Deucalion : les Poiſſons, ou les enfans de Derceto. Et entre le Zodiaque & le Pole Septentrional vingt & une : ſçavoir, la Cynoſure, ou petite Ourſe : Helice, ou la grande Ourſe : le Dragon, ou gardien des Heſperides : Cephée, ou Jaſides : le Bouvier, ou Gardien de l'Ourſe : la Couronne de Vulcan, ou de Theſée : Hercules, ou Promethée : la Lyre d'Orphée, ou Vautour tombant : le Cygne, ou la Poule : le Trône Royal, ou Caſſiopée : Perſée, ou porteur du chef de Meduſe : le Chartier, ou Erichthon : le Serpentaire, ou Eſculape : le Serpent : le Dard, ou Demon meridien : l'Aigle raviſſeur de Ganimede : le Dauphin, porteur d'Arion : le Chevalet : Pegaſe, ou Bellerophon : Andromede, ou la femme enchantée : le Triangle, ou Deltoton. Et quinze vers la partie Australe, sçavoir, la Baleine, ou Monstre marin : Orion, ou le furieux : l'Eridan, ou fleuve d'Orion : le Liévre : le petit Chien : le grand Chien, ou Canicule : la Navire de Jason, ou Chariot de mer : le Centaure, ou Minotaure : la Tasse, ou la Cruche : le Corbeau, ou oyseau de Phœbus : l'Hydre, ou Couleuvre : le Loup, ou la Panthere : l'Autel, ou l'Encensoir : la Couronne meridionale, ou rouë d'Ixion : le Poisson meridional, ou solitaire. Et enfin douze autres qui ont esté remarquées par ceux qui ont navigé vers le Pole Antarctique, sçavoir, le Paon, le Toucan, la Gruë, le Phenix, la Dorade, le Poisson volant, l'Hydre, le Cameleon, d'Abeille, la Mouche Indienne, le triangle Austral, & l'Indien. Dans lesquelles Constellations, nouvellement découvertes, on y compte 561 Estoilles.

Du septiéme Ciel.

LE septiéme Ciel est contigu au Firmament, & contient la Planete de Saturne, la plus haute de toutes, de couleur de plomb, froide & seche, qui est 91. fois plus grosse que la Terre.

Ciceron pense que Planete soit dit par antiphrase, comme Estoille, qui n'erre aucunement. Mais les Astronomes plus à propos disent qu'ils sont ainsi nommez, faisant comparaison aux Estoilles fixes, parce que leur mouvement est plus divers. Car Planete en Grec, signifie *errant.* a

a Les Lunettes nous ont fait paroître Saturne sous differentes figures, à cause d'un anneau qui est autour de luy comme un cercle plat & mince. Cet anneau n'étant pas vû de front, ne paroît pas rond, mais comme un cercle qu'on regarde obliquement. Il a été découvert par Mr Hugens, lequel en même temps a découvert une Planete, autour de Saturne, au milieu de deux autres qui ont été observées par Mr Cassiny, lequel depuis environ deux ans en a observé encore deux autres. Si bien que l'on compte à present cinq Satellites alentour de Saturne, lesquelles ont été nommées par Mr Cassiny, qui passe pour le premier Astronome de la terre, *Sydera Lodoicea*, pour avoir été découvertes sous la protection de LOUIS LE GRAND. Mais nous parlerons plus particulierement de ces Satellites dans l'explication du Systeme de Copernic.

Des Planetes.

UNe Planete est une Estoille adherante à un Orbe celeste, au dessous du huitiéme Ciel, qui estant toûjours sous le Zodiaque, ne laisse pas de cheminer diversement.

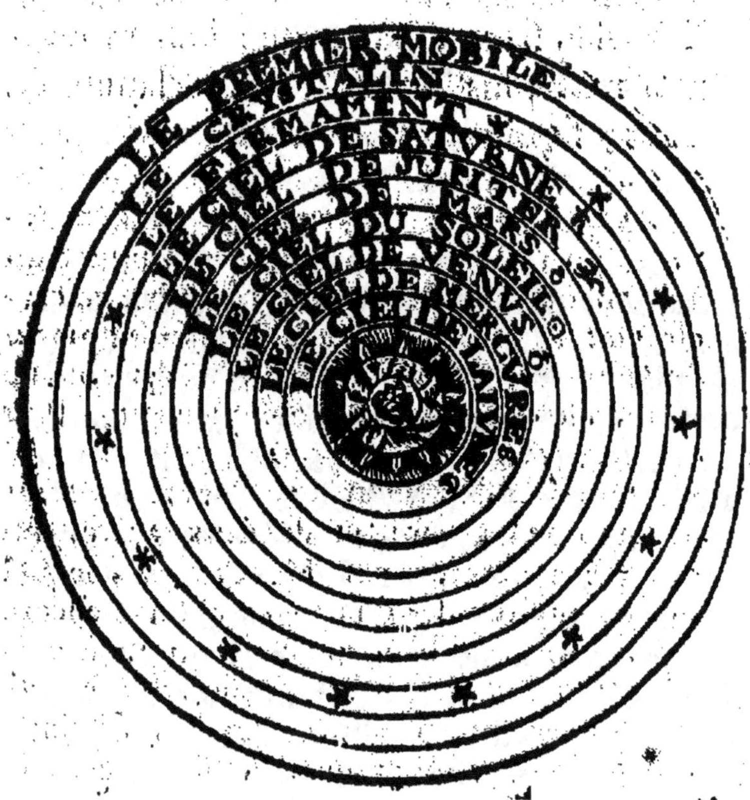

Il y a sept Cieux au dessous du Firmament, pour les sept Planetes, desquelles les trois plus hautes s'appellent les Planetes superieures, les trois plus basses, les Planetes inferieures ; le Soleil comme leur Roy & moderateur, & le plus luisant est au milieu.

Les Anciens ne connoissoient que sept Planetes, Saturne, Jupiter, Mars, le Soleil, Venus, Mercure, & la Lune. Depuis l'invention de la Lunette, on en a découvert sept autres, quatre autour de Jupiter, & cinq alentour de Saturne, desquelles nous parlerons dans la suite.

De la difference entre les Estoilles & les Planetes.

Qui veut bien connoître les Estoilles, doit commencer par la connoissance des Planetes, dit Cardan, pour ne les point confondre avec les Estoilles fixes. Ce qui sera facile, sçachant premierement que les Planetes ne brillent point comme font les Etoilles qui brillent tantôt plus, tantôt moins, à cause de la grande distance qu'elles ont de la terre, & des corps diapha-

I

nes qui se trouvent interposez entr'eux
& nous. Secondement, que les Planetes ne gardent pas toûjours entr'eux pareilles distances, ny à l'égard des Estoilles. Troisiémement, ceux qui sont ac-
coutumez à regarder au Ciel, distin-
guent aisément une Planete d'avec une
Estoille, parce que les Planettes leur
paroissent plus basses que les Estoilles
du Firmament.

De la difference entre les Planetes.

IL n'y a personne qui ne connoisse
premierement le Soleil & la Lune,
excepté les fols & les aveugles. Pour
Venus c'est la plus claire Estoille, &
la plus grande qui soit au Ciel, & si
pleine de lumiere, que souvent les
corps jettent des ombres à sa splendeur.
Elle se voit quelquefois de jour, quand
elle est à sa plus grande elongation du
Soleil. Jupiter n'est pas beaucoup different de la grandeur de Venus : mais
il n'est pas si luisant, & puis il est aisé
de le distinguer d'avec elle, parce que
Venus ne s'éloigne jamais du Soleil
plus de 48. degrez, où Jupiter est distant quelquefois de la moitié du Ciel.
Quand à la Planete de Mars, c'est

comme un petit feu rouge, qui éclate & semble briller quelquefois, mais on ne le prendra jamais pour Jupiter, ny pour Venus, à cause de sa petitesse, de sa rougeur, & de son obscurité. Saturne n'est pas beaucoup éloigné en apparence de la grandeur de Mars : mais étant pâle, & de couleur de plomb, & courant par un Ciel plus élevé, il sera facile de la discerner des autres. Pour Mercure il est mal-aisé à remarquer, parce qu'il ne s'éloigne guére du Soleil plus de 28 degrez : mais on s'efforcera à le connoître quand par les tables du mouvement des Planetes, on sçaura qu'il est en sa plus grande élongation. Je finiray ce Chapitre aprés avoir enseigné la methode la plus facile que l'on puisse inventer pour connoître les Planetes : c'est qu'il faut avoir des Ephemerides, & voir en quel Signe & degré se trouvent les Planetes, & en ce même lieu où ils sont, appliquer un petit morceau de cire sur le Zodiaque de la Sphere. Et puis la Sphere étant disposée selon l'élevation du Pole, voir à quelle heure, & de quelle part ils se levent sur l'horizon. Dequoy nous dirons plus amplement au cinquiéme Livre.

De la difference des Estoilles fixes.

BIen que les Estoilles fixes se puissent distinguer par leur grandeur, leur couleur, splendeur, & brillement. Toutefois, le moyen le plus facile est de les remarquer par les configurations qu'elles ont avec les Estoilles voisines, les unes faisant une ligne droite, les autres un triangle, les autres un quarré, les autres une autre figure. Que si cela rend encore la chose incertaine, il faudra avoir un globe celeste, le disposer selon les parties du monde à l'heure presente, & selon l'élevation du lieu. Et faire un rapport de nuit des Estoilles qui sont au Ciel, avec celles qui sont sur l'Hemisphere superieur du Globe.

Du sixiéme Ciel.

LE sixiéme Ciel est contigu au Ciel de Saturne, & contient la Planete de Jupiter, fort luisante, d'une vertu temperée, qui est 95. fois plus grosse que la Terre.

Cette Planete est si claire, que souvent le vulgaire la prend pour l'Eſtoille de Venus, ou du grand Chien. Mais les ſçavans ne s'y abuſent pas, parce que Venus eſt plus blanche, & que les Eſtoilles fixes brillent, & non pas les Planetes. *a*

Du cinquiéme Ciel.

LE cinquiéme Ciel eſt contigu au Ciel de Jupiter, & contient la Planete de Mars, qui eſt de couleur rouge, & enflâmée, de temperamment chaud & ſec. Cette Planete excede la groſſeur de la Terre d'un tiers.

Selon Mr Caſſiny la ſolidité de Mars eſt à celle de la Terre comme vingt-ſept à cent vingt-cinq, & le diametre de Mars eſt à celuy de la Terre comme trois à cinq.

a Par le moyen des Lunettes à longue vûë, on a découvert autour de Jupiter quatre petites Planetes, que Galilée a nommées les Eſtoilles de Medicis, & qu'à preſent on nomme les Satellites de Jupiter, leſquels ſe meuvent autour de cette Planete en des temps differens, & elles ſemblent aller tantoſt vers l'Orient, & tantoſt vers l'Occident. Mais il en ſera parlé plus particulierement dans le Syſteme de Copernic.

Le même Auteur a reconnu par les taches qu'il a découvertes alentour de Mars, que cette Planette se meut autour de son axe en 24. heures & deux tiers, & que cet axe semble s'incliner à l'orbite de Mars.

Aprés avoir dit quelque chose en gros des trois Planetes superieures, j'ajoûteray maintenant la theorie de leurs mouvemens, mais la plus briéve que je pourray, pour donner quelque contentement à ceux qui sont curieux de ces sciences.

Theorie succincte des trois Planetes superieures, Saturne, Jupiter, & Mars.

ON a remarqué par les observations, que les trois Planetes, Saturne, Jupiter, & Mars, avoient des mouvemens semblables & que leurs revolutions differoient seulement en quantité de temps. Ainsi leur theorie se peut montrer ensemble.

Du nombre des Orbes.

IL y a quatre Orbes à chaque Planete ; sçavoir, les deux Concentriques en partie, qui portent l'Apogée & le Perigée, l'Eccentrique & l'Epicycle, ausquels on ajoûte l'Equant, ou Cercle d'égalité.

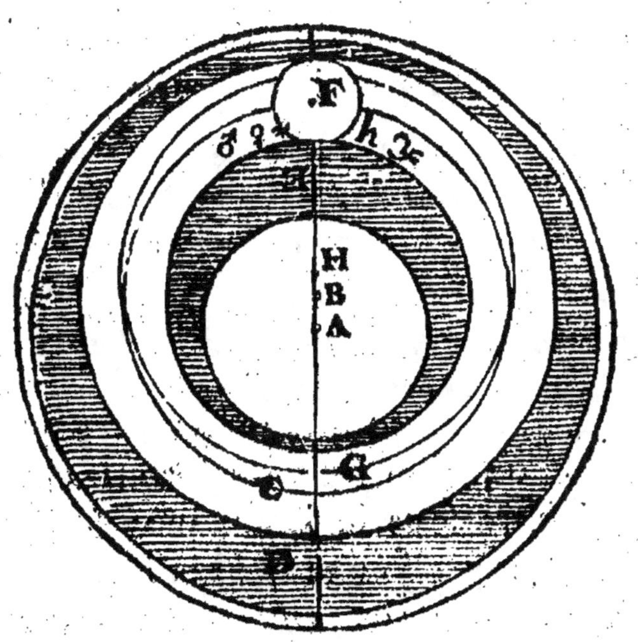

LEs deux Concentriques en partie, sont E, & D, le centre du Monde A, l'Eccentrique, l'Orbe blanc compris entre les deux noirs, son centre B, le lieu le plus éloigné de la Terre,

F, est dit Apogée ; celuy qui luy est
opposé & plus proche, Perigée. Le
Cercle d'égalité, G, (que l'on conçoit égal au Cercle C, qui est décrit
par le mouvement du centre de l'Epicycle) son centre H, l'Epicycle F, qui
porte le corps de la Planete.

Du mouvement des deux Concen-triques en partie.

CEs deux Orbes se meuvent selon
l'ordre des Signes, autour du
centre du Monde, sur les Poles de l'E-
cliptique. Et par la vertu de la huitiéme Sphere, font un circuit en 49000
ans, emportant avec eux l'Apogée &
le Perigée de ces Planetes.

Copernic considere icy deux mouvemens, l'un sous les Estoilles fixes,
& l'autre sous le Zodiaque ; & dit que
Saturne fait son tour sous les Estoilles
fixes, en 35333. années Egyptiennes,
Jupiter en 119734. Mars en 45688.
Mais sous le Zodiaque, que Saturne
revient en son même lieu aprés 14917.
années Egyptiennes, Jupiter aprés 21237.
Mars aprés 16416. Par ce mouvement
l'Apogée de Saturne est maintenant au

20. du Sagittaire, celuy de Jupiter au 7. de la Balance, & celuy de Mars au 29. du Lyon.

Du mouvement des Eccentriques.

*L*ES Eccentriques de ces trois Planetes superieures, se meuvent selon l'ordre des Signes, sur des Poles qui leur sont propres, inégalement declinans du Pole de l'Ecliptique. Le Periode de celuy de Saturne s'acheve en 30. ans, celuy de Iupiter en 12. & celuy de Mars prêque en deux ans.

Ce mouvement emporte les centres des Epicycles, & fait que celuy de Saturne parcourt le Zodiaque en 29. années Egyptiennes, & presque 162. jours: celuy de Jupiter en 11. années, & quelques 315. jours : celuy de Mars en un an, & environ 322. jours. Mais sous le Firmament ils y retournent plus tard, Saturne étant 29. ans & 174. jours avant que de revenir au même lieu: Jupiter 11. ans, & 317. jours : Mars un an, & 322. jours.

Du Mouvement de leurs Epicycles.

LEs Epicycles des Planetes superieures se meuvent selon l'ordre des Signes, autour des Axes mobiles, inclinez sur la surface de leurs Eccentriques. Saturne y fait son periode en 378. jours, Jupiter en 398. & Mars en 779.

Il est aisé à conjecturer, que puisque les Axes des Epicycles sont inclinez sur la surface de leurs Eccentriques, que leurs Plans ne sont pas unis ensemble, mais qu'ils ont une declinaison grande ou petite, selon l'inclination que peuvent avoir leurs Axes.

Du Mouvement de l'Equant, ou Cercle d'égalité.

L'Equant de ces trois Planetes, est un Cercle en même Plan que l'Eccentrique ; mais décrit sur un autre Centre, different toutefois de celuy du Monde.

Ce Cercle est ajoûté à la theorie des Planetes, parce que les conversions tant de l'Eccentrique que de l'Epicycle, ne sont pas égales sur leur centre.

Mais fur un autre point, qui eft le
centre de ce Cercle d'égalité, qui eft
toûjours dans la ligne de l'Apogée.

Du quatriéme Ciel.

LE quatriéme Ciel eft contigu à celuy de Mars, & contient cét Aftre
lumineux du Soleil, qui eft le Prince
des Planetes, de couleur blanche, tirant
fur le rouge, fitué au milieu des autres,
comme un Roy, & qui par la vertu de
fes rayons, échauffe toutes les chofes
terreftres. Il eft plus grand que toute
la terre de 166. fois.

Selon Mr Caffiny, le Soleil eft un
million de fois plus grand que la Terre,
parce qu'il veut que le diametre du
Soleil foit centuple du diametre de la
Terre.

Plufieurs Aftronomes commencent la
doctrine des feconds Mobiles par la
theorie du Soleil, comme étant par
les hypothefes, la plus fimple & la
plus facile à concevoir ; & de plus,
parce que felon Ciceron, il eft le Ca-
pitaine, Prince & Moderateur de toutes les autres lumieres, l'efprit du
Monde & le temperament.

Theorie succinte du Soleil.

Oicy la theorie la moins difficile, & toutefois la plus utile, dautant que toutes les autres Planetes se reglent selon le mouvement du Soleil, qu'ils observent comme leur Prince & Moderateur ; de sorte, que si son mouvement n'est bien connu, il est bien difficile de concevoir le mouvement des autres.

Du nombre des Orbes.

IL y en a trois seulement, deux Concentriques en partie, & l'Eccentrique, ou déferent du Soleil.

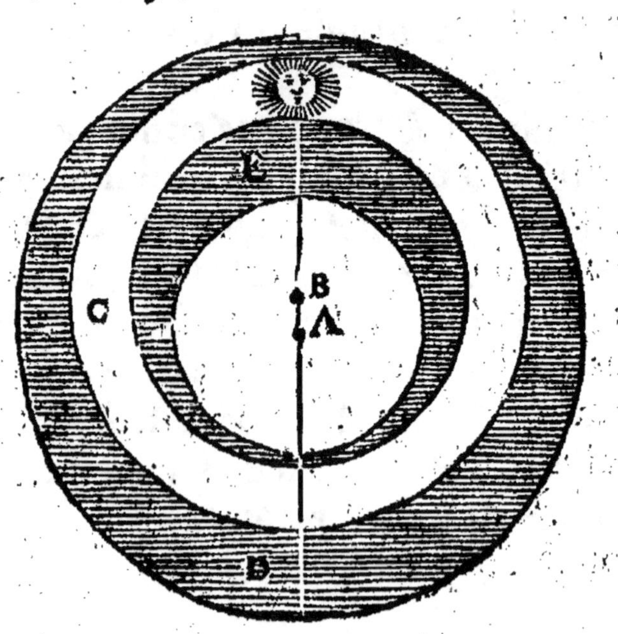

LEs deux Concentriques en partie, font les deux Orbes d'inégale é-paiffeur E, & D, le centre du Mon-de A, l'Eccentrique qui porte le Soleil eft C, fon centre B.

Du Mouvement des deux Concen-triques en partie.

CEs deux Orbes *fe meuvent felon l'ordre des Signes, autour du cen-tre du Monde, & par la vertu de la huitiéme Sphere, font leur tour en 49000. ans: emportant avec foy l'Apo-gée & le Perigée du Soleil.*

Telle a efté l'opinion d'Alfonfe. Mais Copernic, par plufieurs obferva-tions, a reconnu que ces Orbes paf-foient au deffous des Eftoilles fixes en 50718. années Egyptiennes, & au def-fous du Zodiaque en 17108. Par ce mouvement l'Apogée du Soleil eft maintenant au 8. degré de l'Ecreviffe, felon fon calcul: Mais felon Tycho, au 6.

Du Mouvement de l'Eccentrique.

L'Eccentrique du Soleil se meut selon l'ordre des Signes sous l'Ecliptique, & fait son tour en 365. jours, & prés de 6. heures.

Ce mouvement emportant le centre du Soleil, luy fait faire un tour sous l'Ecliptique en 365. jours 5. heures, & quelques 49. minutes, que l'on appelle l'an tropique. Mais le tour qui luy fait faire dessous le Firmament, est de quelque peu plus grand ; sçavoir, de 365. jours six heures, & environ dix minutes, que l'on appelle l'an sideral.

De l'An.

L'An ou l'Année est un Phœnomene qui suit le mouvement du Soleil, c'est pourquoy nous en dirons icy quelque chose en passant.

Division de l'An.

Il y a deux sortes d'années : l'année civile, & l'année Astronomique.

*L'année civile eſt celle de laquelle on
ſe ſert communément, ſoit qu'elle ſoit
reglée ſelon le mouvement du Soleil ou
de la Lune.*

L'année civile de laquelle on ſe ſert
maintenant, a eſté ordonnée par Jules
Ceſar : Et pour ce ſujet, elle s'appelle
l'année Julienne. Elle eſt de 365. jours
& 6. heures, qui font que de quatre
en quatre ans, on ajoûte un jour en
l'année biſſextille, qui a 366. jours.

*L'année Aſtronomique eſt de deux
ſortes ; Tropique & Siderale. L'année
Tropique eſt l'eſpace de temps que le
Soleil met à parcourir le Zodiaque.*

Encore que cette année ſoit inégale,
à cauſe de l'anticipation des Equinoxes, on la met toutefois de 365. jours
5. heures, & 49. minutes, prenant le
moyen circuit entre le plus grand &
le moindre. Elle eſt dite Tropique
du mot grec *tropos*, qui ſignifie converſion.

*L'an ſideral eſt l'eſpace de temps que
le Soleil ſejourne, juſqu'à ce qu'il retourne ſous la même Eſtoille fixe.*

Cette année eſt conſtamment de 365.
jours ſix heures, & dix minutes ou
environ, & plus grande que la prece-

dente, à cauſe que les Eſtoilles s'avancent pendant que le Soleil fait ſon tour,
& pour ſon égalité, eſt la regle de
l'Année tropique.

Que l'on n'a pû trouver préciſé-ment la quantité de l'An.

SOit que l'on appelle une Année la
revolution que le Soleil fait ſous
le Zodiaque, à commencer depuis un
Equinoxe, ou depuis un Solſtice. Juſques aujourd'huy on n'a pû trouver
juſtement la quantité de l'An, y ayant
trois principales cauſes tirées des hypotheſes, qui l'ont toûjours empêché.
La premiere, le mouvement inégal du
Soleil dans ſon Eccentrique. La ſeconde, le progrez de ſon Apogée &
de ſon Perigée. La troiſiéme, dautant que le lieu des Equinoxes & des
Solſtices eſt incertain par le mouvement de trepidation. Car l'Ecliptique
du huitiéme Ciel, ſous laquelle le Soleil eſt porté, coupant l'Equateur en
divers endroits, fait que le retour du
Soleil eſtant pris à un commencement
vague & incertain eſt de neceſſité inégal
& incertain : D'où il ſuit l'anticipation
des

des Equinoxes & des Solstices. Ainsi
il ne faut pas s'estonner s'il y a de la
varieté entre les Auteurs, pour définir
cette quantité.

Ptolemée ayant trouvé que l'année a-
   voit 365. jours, 5. heures, 55. minutes,
12. secondes.

Albategnius qui vint aprés, 365. I. 5.
   H. 45. m. 36. se.

Alfonse & ses Sectateurs, 365. I. 5. H.
   49. m. 15. se.

Copernic, 365. I. 5. H. 55. m. 18. se.

Tycho, 365. I. 5. H. 48. m. 45. se.

   Et bien que la difference entre l'année civile & l'année tropique, soit petite; sçavoir de 10. ou de 11. minutes:
neanmoins cette petite augmentation,
que Cesar y donna plus que de raison,
a excité de grandes difficultez pour la
reformation du Calendrier, parce que
l'Equinoxe du Printemps qui arriva du
temps du Concile de Nice, au 20. ou
au 21. du mois de Mars, se fait aujourd'huy au 10. ou à l'11. selon l'an-
cien stile, & on a esté contraint d'ôter
10. jours de l'année 1582. pour le re-
mettre au même lieu qu'il estoit en ce
temps-là, parce qu'il estoit monté trop
haut. Ce changement arrivant dau-

tant que de quatre en quatre ans, on ajoûte un jour en l'année, que l'on appelle bissextille, qui est une addition plus grande qu'il ne faut, l'année n'ayant que 365. jours cinq heures & quelques minutes, comme il se voit cy-dessus.

Que les declinaisons du Soleil sont variables.

DAutant que le commencement du Belier & de la Balance approche quelque fois par le mouvement de tre-

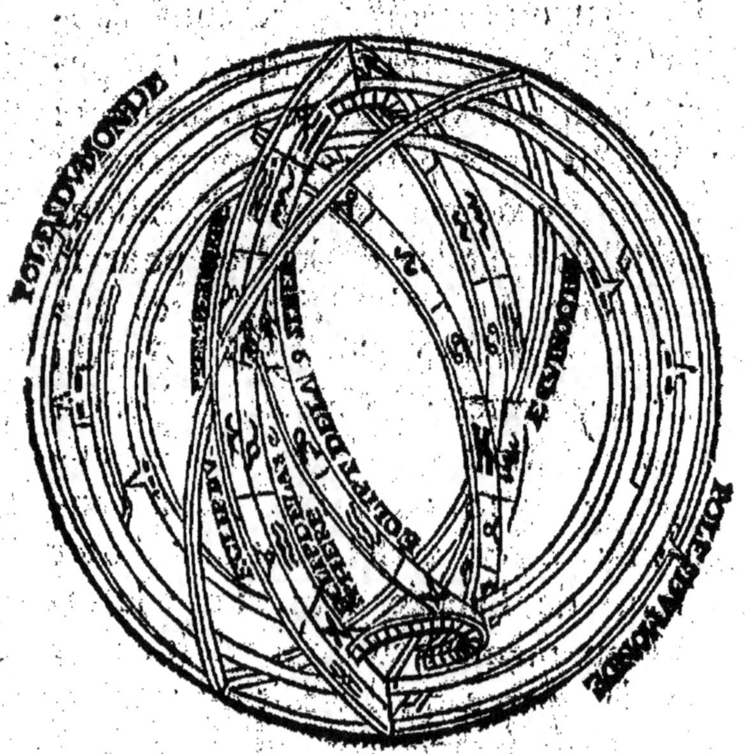

pidation , de l'Equateur, & quelquefois s'en éloigne. Les Tropiques qui
font décrits par les commencemens de
l'Ecreviffe & du Capricorne, font ne-
ceffairement inégaux,&en un temps plus
grands & plus proches de l'Equateur:
En un autre, plus petits & plus éloignez , & par conféquent les declinai-
fons ou diftances que le Soleil fait de
l'Equateur , variables, comme il fe peut
voir par les obfervations cy-deffous.

Du temps de Ptolemée, la plus grande declinaifon du Soleil eftoit de
23. degrez 51. minute.

Du temps d'Albategnius, de 23. degrez 35. minutes.

Du temps d'Alcmeon , de 23. degrez
33. minutes.

De nôtre temps , de 23. degrez 29.
minutes.

Que le progrez des Eftoilles fixes eft inégal.

P Ar la conference des Obfervations,
on a remarqué, comme nous avons
dit, que les Eftoilles fixes avoient un
mouvement tardif d'Occident en O-
rient, que l'on a crû long-temps qu'il

leur étoit propre. Mais puis aprés on a observé qu'il étoit irregulier ; car du temps de Calippus, les Estoilles faisoient un degré en 72. ans. Entre Hipparchus & Menelaus, elles y étoient 100. ans : Entre Menelaus & Ptolemée, seulement 86. ans ; & quelque temps aprés n'y demeurerent plus que 76. ans, pour achever ce même espace : Ce qui arrive par le concours des mouvemens de la neuviéme & de la huitiéme Sphere. Car bien que le centre du petit Cercle soit emporté également par la conversion du neuviéme Ciel, toutefois, le mouvement de trépidation par le petit demy Cercle Boreal, augmente le mouvement de la neuviéme Sphere ; & en l'autre demy Cercle Austral, il en ôte toutautant. Et c'est d'où vient cette anomalie au progrez des Estoilles fixes.

D'où vient que le Soleil s'est abbaissé dans son Eccentrique.

IL semble que la nature se lasse, & qu'elle doive bien-tôt aller en son Occident avec le mouvement du Monde, comme étant reduite en son extrême vieilleſſe : Puis que le Soleil, comme pour échauffer la terre, & la rendre plus fertile, pour les generations ordinaires, s'eſt abbaiſſé dans ſon Ciel de plus de dix-huit milles lieuës. Car étant au temps paſſé diſtant de nous de 1190, demy diametres de la Terre, il ne ſe trouve maintenant plus éloigné que de 1179. Copernic s'efforce de rendre quelque raiſon de ce Phœnomene, par un ſecond Eccentrique, qu'il ſuppoſe à la theorie du Soleil, par lequel il démontre que s'il eſt plus proche de nous en ſon Apogée, auſſi en ſon Perigée il s'en éloigne davantage.

Des Jours.

L E Jour eſt naturel, ou artificiel. Le naturel, eſt l'eſpace de temps que le Soleil employe à faire une revolution, & à revenir ſous un même Cercle qui eſt immobile.

Comme le temps que le Soleil eſt à retourner tous les jours ſous le Meridien, ou en l'Horizon, eſt proprement le jour naturel; une entiere revolution de l'Equinoctial, ne determine pas la quantité du jour naturel, parce que le

Soleil, par le mouvement contraire qu'il a à celuy du premier Mobile, fait en cét espace quelque petite partie de son Ciel.

Le jour artificiel est l'espace de temps qu'il y a entre le lever & le coucher du Soleil.

En la Zone torride & temperée, les jours artificiels sont toûjours plus petits que les naturels. Mais dans les Zones froides, ils sont souvent bien plus grands, comme étans quelquefois de plusieurs jours, & quelquefois de plusieurs mois.

Des Heures.

L'Heure est égale, ou inégale. L'heure égale, est la 24. partie du jour naturel.

C'est pourquoy 15. degrez de l'Equateur ne sont pas precisément la quantité de l'heure égale, puisque son entiere revolution ne fait pas un jour naturel.

L'heure inégale, est de jour & de nuit : l'heure inégale de jour, est la 12. partie du jour artificiel : l'heure inégale de nuit, est la 12. partie de la nuit.

C'est pourquoy l'heure inégale est quelquefois plus petite que l'heure égale, & quelquefois plus grande. Aux Equinoxes, les heures égales & inégales font de pareille durée. Aprés l'Equinoxe du Printemps jufqu'à l'Equinoxe d'Automne, les heures inégales de jour excedent les heures égales. Aprés l'Equinoxe d'Automne, au contraire, les heures inégales de jour font moindres que les égales. On obfervera toutefois, que fi le jour artificiel excede 24. heures, comme il arrive dans la Zone froide, alors en ces temps-là cette diftinction d'heure inégale n'eft plus en ufage.

Du troifiéme Ciel.

LE troifiéme Ciel eft contigu à celuy du Soleil, & contient la Planete de Venus d'une lumiere tres-éclatante, d'une qualité temperée. La groffeur de laquelle égale la 37. partie de la Terre.

Cette Eftoile paroît quelquefois, & quelquefois ne paroît point : Quand elle paroît, elle va devant le Soleil, ou le fuit : Quand elle va devant, on l'appelle Phofphore, ou Eftoile du jour : Quand elle suit le Soleil, elle est dite Hesperus, ou Estoille du soir : Et quand elle ne se voit pas, c'est lors qu'elle est jointe avec le Soleil, ou obscurcie sous ses rayons : Et en ce temps elle s'appelle Venus. Pythagore a esté le premier qui en a observé le mouvement. *a*

a On a remarqué par le moyen des Lunetes à longue vûë, que cette Planete a ses phases comme la Lune, mais qu'elle ne les a toutes qu'en l'espace d'un an. D'où il est aisé de conclurre, que comme la Lune, elle emprunte sa lumiere du Soleil. On a remarqué la même chose à Mercure.

Theorie succinte de Venus.

CEtte Theorie est si peu differente de celle des trois Planetes superieures, que l'on luy pouvoit joindre; C'est pourquoy nous la parcourrons legerement.

Du nombre des Orbes.

IL y a quatre Orbes ; sçavoir, les deux Concentriques en partie, l'Eccentrique & l'Epicycle, auquel on ajoute l'Equant ou Cercle d'égalité.

Les

LEs deux Concentriques en partie, sont E, & D, le centre du Monde A, l'Eccentrique, tout l'espace blanc, compris entre les deux Orbes qui sont noirs, son centre B, le Cercle d'égalité G, (que l'on conçoit égal au Cercle C, qui est décrit par le mouvement du centre de l'Epicycle) son centre H, l'Epicycle F, qui porte le corps de la Planete.

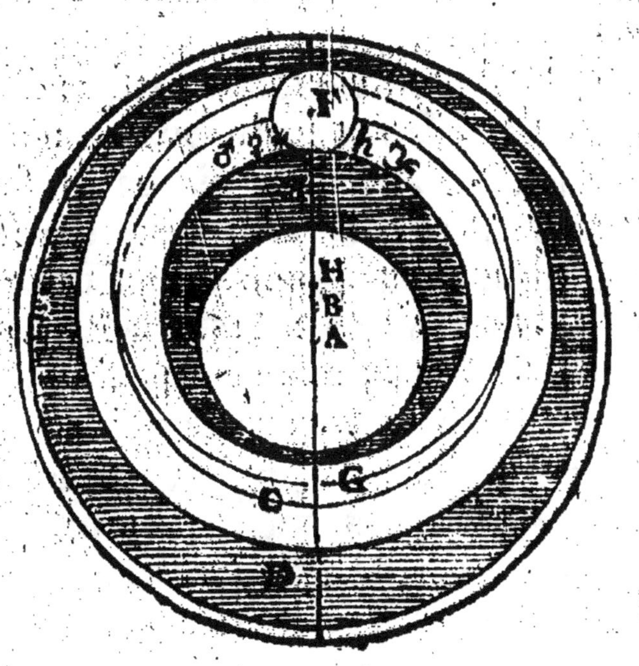

Du mouvement des deux Concentriques en partie.

CEs deux Orbes se meuvent selon l'ordre des Signes , autour du centre du Monde , mais sur des Poles qui leur sont propres , & qui errent çà & là , autour des Poles de l'Ecliptique. Et par la vertu de la huitiéme Sphere , font leur periode en 49000. ans.

Icy les Astronomes sont presque d'accord, ils different seulement au temps periodique. Ptolemée dit qu'ils font un tour en 36000. ans : Ceux qui suivent Alfonse en 49000. Et Copernic veut que ce soit en 25816. années Egyptiennes. Par ce mouvement l'Apogée de Venus est au 17. des Gemeaux. Alfonse a crû que l'Apogée du Soleil & de Venus étoient toûjours joints ensembles. Ce qui repugne toutefois aux observations.

Du mouvement de l'Eccentrique.

L'Eccentrique de Venus se meut selon l'ordre des Signes , sur des Poles

qui luy sont propres, mais mobiles, avec
les Poles des deux Concentriques en
partie. Il fait son tour precisément avec
celuy du Soleil.

L'Eccentrique du Soleil, de Venus,
& de Mercure, faisant un circuit sous
le Zodiaque en même temps precisément, ont donné occasion à quelques
Astronomes, de colliger de là qu'ils
étoient en même Ciel : Mais que Vé-
nus & Mercure tournoient au tour du
Soleil, chacun dans un Epicycle particulier.

Du mouvement de l'Epicycle.

L'Epicycle de Venus se meut selon
l'ordre des Signes, au tour d'un
axe mobile, incliné sur la superficie de
l'Eccentrique. Cette Planete y fait son
tour en 583. jours & 22. heures.

Dautant que cette Planete & les trois
superieures ont l'Eccentrique & l'Epicycle qui declinent diversement de l'E-
cliptique. Pour ce sujet ils ont une
double latitude ; l'une qui dépend de
l'Eccentrique, l'autre qui procede de
l'Epicycle.

Du mouvement de l'Equant, ou Cercle d'égalité.

L'Equant de cette Planete est un Cercle en même plan que l'Eccentrique, mais décrit sur un autre centre different toutefois de celuy du Monde.

En toutes les theories des Planetes, la définition de ce Cercle est semblable, pour avoir semblable effet. A celle du Soleil, il n'y en a point, ny en celle de la Lune, si ce n'est que l'on veüille dire que l'Equant & l'Eccentrique sont unis ensemble sur un même centre, à la Sphere du Soleil. Et à la Lune, que le Cercle d'égalité & le déferent sont un, ayans leurs centres joints avec celuy du Monde.

Du Deuxiéme Ciel.

LE deuxiéme Ciel est contigu à celuy de Venus, & contient la Planete de Mercure, qui est une petite Estoille blanche, d'une vertu diverse & inconstante, changeant son temperament selon la qualité de ceux avec lesquéls il est. Cette Planete est petite, & ne contient que la 22. milliéme partie de la Terre.

La plûpart expliquent la theorie de Mercure la derniere, à cause des difficultez qui s'y rencontroient. Car en pas-un des autres on n'a point observé tant de mouvemens divers. Pour ce sujet, plusieurs ont inventé des hypotheses selon leur fantaisie. Mais nous suivrons icy la commune, & nous l'expliquerons le plus clairement qu'il nous sera possible.

Theorie succinte de Mercure.

LEs divers mouvemens qui se sont observez en cette Planete, ont esté cause que l'on y a supposé plus d'Orbes qu'en pas un des autres.

Du nombre des Orbes.

IL y en a six, quatre Concentriques en partie; l'Eccentrique & l'Epicyole; avec lesquels on ajoûte l'Equant ou Cercle d'égalité.

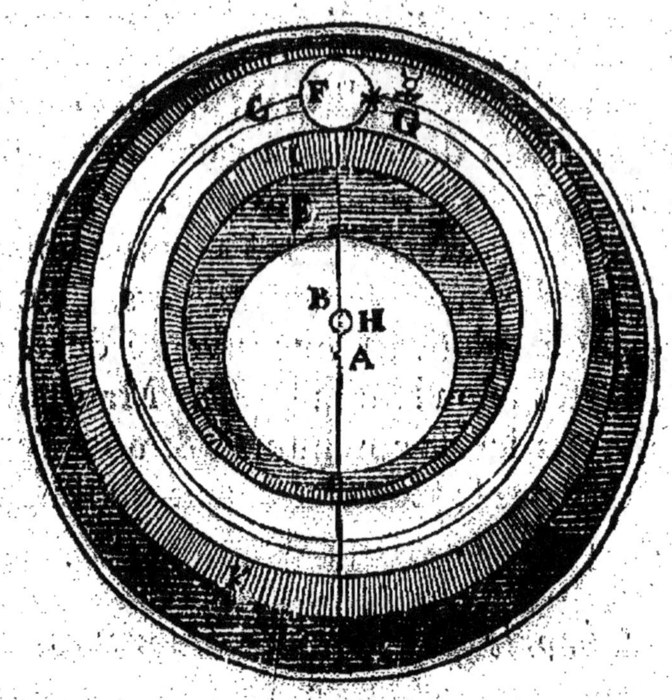

LEs deux Concentriques en partie qui portent l'Apogée & le Perigée E, & D, les deux autres I, & K, qu'on appelle Eccentrique de l'Eccentrique, le centre du Monde A, l'Eccentrique l'Orbe blanc entierement d'égale épaisseur, son centre B, le Cercle d'égalité G, (que l'on conçoit toûjours égal au Cercle C, qui est décrit par le mouvement du centre de l'Epicycle) son centre H, l'Epicycle F, qui porte la Planete.

Du mouvement des deux Concentriques en partie, qui portent l'Apogée & le Perigée.

CEs deux Orbes se meuvent selon l'ordre des Signes, autour du centre du Monde, mais sur des Poles qui leur sont propres, & qui errent çà & là, autour des Poles de l'Ecliptique. Et par la vertu de la huitiéme Sphere, font un circuit en 49000. ans.

Selon le calcul de Copernic, ces Orbes font un tour sous les Estoilles fixes en 22405. années Egyptiennes, & sous le Zodiaque en 11995. Par ce mouvement l'Apogée de Mercure est maintenant au premier du Sagittaire.

Du mouvement de l'Eccentrique.

L'Eccentrique de Mercure se meut selon l'ordre des Signes, sur des Poles qui luy sont propres, mais mobiles avec les Poles des deux qui portent l'Apogée & le Perigée. Il fait son tour précisément avec celuy du Soleil.

Si Venus & Mercure n'avoient qu'un Eccentrique, leur mouvement seroit entierement conforme au mouvement du Soleil, puifque ces trois Orbes font leur circuit exactement en même temps. Mais la diverfité vient des Epicycles, dans lefquels ils font portez.

Du mouvement de l'Epicycle.

L'Epicycle de *Mercure* fe meut felon l'*Ordre des Signes*, autour d'un axe mobile, incliné fur la furface de fon Eccentrique, dans lequel cette Planete fait fon tour en 115. jours & 22. heures.

Il y a trois chofes dignes de remarque à la theorie des Planetes. Premierement, que tous les Concentriques en partie ont leurs plans fous l'Ecliptique, excepté ceux de la Lune, qui declinent de 5. degrez. Secondement, que tous les Eccentriques declinent de l'Ecliptique, excepté celuy du Soleil. Et enfin que les axes de tous les Epicycles font inclinez fur le plan des Eccentriques, hormis celuy de la Lune, qui eft perpendiculaire.

Du mouvement de l'Equant, ou Cercle d'égalité.

L'Equant de cette Planete est un Cercle en même plan que l'Eccentrique, mais décrit sur un autre centre different toutefois de celuy du Monde.

En la Sphere de Saturne, de Jupiter, de Mars & de Venus, le centre du Cercle d'égalité est en la ligne de l'Apogée, au dessus du centre de l'Eccentrique. Mais à Mercure il est entre le centre du second Eccentrique, & de celuy du Monde.

Du mouvement du second Eccentrique.

LE second Eccentrique de Mercure se meut contre l'ordre des Signes, sur des Poles qui luy sont propres, mais mobiles avec les Poles des deux Orbes qui portent l'Apogée & le Perigée. Il fait son tour en 365. jours & 6. heures.

Cet Orbe a esté ajoûté pour rendre raison pourquoy l'Apogée de l'Eccentrique de Mercure va quelquefois selon l'ordre des Signes, & quelquefois au contraire.

Du premier Ciel.

LE premier Ciel est contigu à celuy de Mercure, par enhaut, & par embas embrasse les quatre Elemens, & contient la Planete de la Lune, qui emprunte sa lumiere du Soleil, d'une couleur diverse, de temperament froide & humide. Cette Planete, selon les Anciens, est moindre que la Terre de 37. fois, & selon les nouveaux, de quarante trois fois.

Selon Mr Cassiny, la Lune est à la Terre, environ comme 1. à 52. parce qu'il veut que le diametre de la Lune soit au diametre environ comme 4. à 15. ou comme 1. à 3. trois quarts.

Endymion a esté le premier qui a observé le mouvement de la Lune, & pour cette cause les Poëtes ont feint qu'il en estoit amoureux pendant qu'il estoit en la montagne d'Ionie.

Theorie succinte de la Lune.

IL y en a qui expliquent la theorie de la Lune aprés celle du Soleil, comme estant la plus simple & la moins embarassée de difficultez. Mais ne traitant icy du mouvement des Planetes, que pour rendre raison des apparences plus manifestes, il n'y a pas beaucoup de sujet de vouloir changer l'ordre qui estoit commencé.

Du nombre des Orbes.

IL y a cinq Orbes au Ciel de la Lune, les deux concentriques en

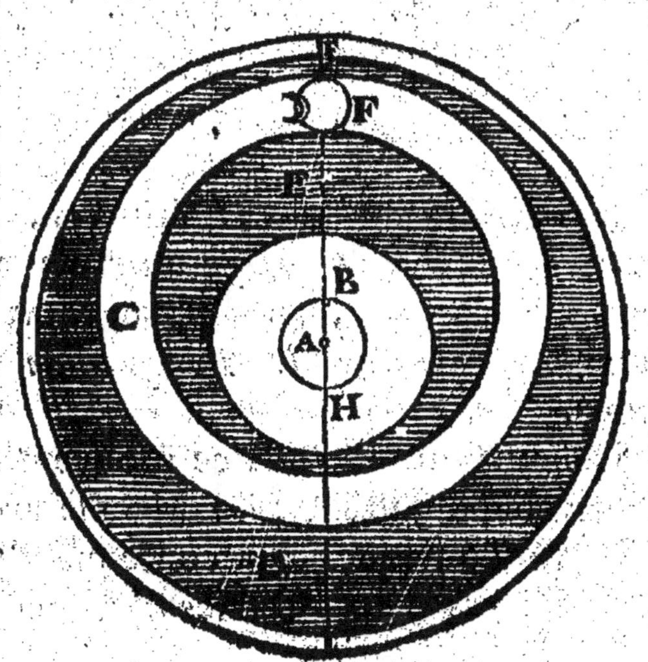

partie, l'Eccentrique, l'Epicycle, & le déferent de la tête & de la queuë du Dragon.

LEs deux Concentriques en partie, font les deux Orbes d'inégale épaiffeur E, & D, le centre du Monde A, l'Eccentrique C, qui porte l'Epicycle F, dans lequel eft le corps de la Planete. Le déferent eft l'Orbe exterieur G.

Du Mouvement des deux Concentriques en partie.

CEs deux Orbes fe meuvent contre l'ordre des Signes autour du centre du Monde, mais fur des Poles diftans de cinq degrez de ceux du Zodiaque. Leur mouvement journal eft d'onze degrez & douze minutes, & leur converfion entiere fe fait en 32. jours & 3. heures, ils emportent avec eux l'Apogée & le Perigée de la Lune.

Dautant que l'axe de ce mouvement s'entrecoupe au centre du Monde avec l'axe du Zodiaque, par confequent le plan de ces deux Cercles decline de celuy de l'Eclipticle.

Du mouvement de l'Eccentrique.

L'Eccentrique de la Lune se meut selon l'ordre des Signes, également autour du centre du Monde, mais sur des Poles distans de cinq degrez de ceux du Zodiaque. Son mouvement journal est de 13. degrez & onze minutes, & sa conversion entiere se fait en 27. jours & 7. heures ou environ.

Ce mouvement emportant le centre de l'Epicycle, luy fait parcourir le Zodiaque en 27. jours 7. heures & 43. minutes, qui est la quantité du mois periodique.

Du Mouvement de l'Epicycle.

L'Epicycle de la Lune se meut contre l'ordre des Signes autour d'un axe qui est perpendiculaire sur le plan de l'Eccentrique, faisant chaque jour naturel 13. degrez & 4. minutes, & son periode en 27. jours treize heures & 19. minutes.

Il est aisé de conclurre de ce que dessus, que les deux Concentriques en partie, l'Eccentrique & l'Epicycle, sont en même plan, declinans de la surface de l'Ecliptique.

Du Mouvement du déferent de la teste, & de la queuë du Dragon.

LE deferent de la teste & de la queuë du Dragon, (que d'autres appellent Equant) se meut contre l'ordre des Signes, également autour du centre du Monde, mais sur les Poles de l'Ecliptique, faisant chaque jour naturel 3. minutes & 11. secondes ou environ, & son periode en 18. ans & presque 224. jours.

Cet Orbe entourant & entraînant les trois autres, fait que la circonference de l'Eccentrique coupe continuellement l'Ecliptique en divers endroits tirant vers l'Occident.

De la Section de l'Ecliptique & de l'Eccentrique de la Lune.

L'Ecliptique & l'Eccentrique se mouvant tous deux autour du centre du Monde, mais sur des axes divers, sont cause que les plans de ces deux Orbes ou Cercles, s'entrecoupent toûjours en deux endroits : les Anciens ont nommé ces interfections, nœuds, ou tefte & queuë de Dragon.

De la Tefte du Dragon.

LA tefte du Dragon, eft l'interfection de l'Ecliptique & de l'Eccentrique, par laquelle la Lune paffe du Midy pour aller vers le Septentrion.

La Lune partant de ce lieu, eft dite Septentrionale afcendante, jufqu'à ce qu'elle ait atteint le 90. degré ou limite boreal, qui eft le ventre du Dragon, & de là fa latitude diminuant, eft appellée Septentrionale defcendante jufqu'à ce qu'elle foit arrivée à l'autre interfection.

De la queuë du Dragon.

LA queuë du Dragon, eft l'interfection de l'Ecliptique & de l'Eccentrique par laquelle la Lune paffe du Septentrion pour aller vers le Midy,

La Lune partant de ce lieu, eft dite meridionale defcendante, jufqu'à ce qu'elle foit parvenuë au 90. degré ou limite meridionale, & de là fa latitude fe diminuant, elle eft appellée me-

ridionale afcendante, jufqu'à ce qu'elle
foit arrivée à l'autre interfection.

Du Moïs.

COmme l'année eft reglée par le
mouvement du Soleil, ainfi le
mois eft reglé par le mouvement de
la Lune.   Mais dautant que le mouvement de la Lune n'eft confideré qu'à
l'égard de l'Eccentrique ou au refpect
du Soleil : c'eft pourquoy on fait deux
fortes de mois feulement.   Car touchant la douziéme partie de l'année,
elle doit pluftoft eftre appellée mois
folaire, que lunaire.

De la divifion des Moïs.

*L*E mois eft de deux fortes , periodique & fynodique.

Il y en a qui en font de trois fortes
y ajoûtant le mois d'illumination, qui
eft l'efpace de temps qu'il y a depuis
la Lune nouvelle, jufqu'à ce qu'elle fi-
niffe, & ceffe d'eftre vûë.

*Le mois periodique eft l'efpace de
temps que la Lune demeure à faire un
tour fous le Zodiaque.*

Ce

Ce Periode est de 27. jours 7. heures & 43. minutes, & est ainsi nommé comme qui diroit circulaire, car *periodos* en Grec signifie circuit.

Le mois synodique est l'espace de temps que la Lune employe depuis l'instant de sa conjonction avec le Soleil jusqu'à ce qu'elle s'y rejoigne.

Ce Periode est de 29. jours 12. heures & 44. minutes, & est proprement le mois lunaire, car en cet espace la Lune se change en toutes ses faces; croissante, cornuë, demy-pleine, bossuë, pleine: & de pareille teneur, décroît jusqu'à ce qu'elle perde entierement sa lumiere, ce mois est dit synodique de *synodos* qui en Grec signifie conjonction.

En finissant la theorie des sept Planetes, nous ajoûterons icy la Table suivante que nous avons tirée des Observations de Mr Cassiny, & qui montre en demy-diametres de la Terre, les distances de ces sept Planetes à la Terre.

. Lune.

Plus grande distance

Moyenne,   57.
Petite,   53.

Mercure.

Plus grande distance,   33000.
Moyenne,   22000.
Petite,   11000.

Venus.

Plus grande distance,   38000.
Moyenne,   22000.
Petite,   6000.

Soleil.

Plus grande distance,   22374.
Moyenne,   22000.
Petite,   21626.

Mars.

Plus grande distance,   59000.
Moyenne,   33500.
Petite,   8000.

Jupiter.

Plus grande distance,   145000.

Moyenne, 115000.
Petite, 87000.

Saturne.

Plus grande distance, 244000.
Moyenne, 210000.
Petite, 176000.

De la Region Elementaire.

LA Region Elementaire, est la partie du Monde, qui est comprise dans la concavité du Ciel de la Lune, en laquelle toutes choses sont corruptibles, & sujettes au changement.

Nous avons dit au commencement de ce Livre, que le Monde estoit divisé en la Region Etherée & en la Region Elementaire, il reste donc avant que de finir d'ajoûter quelque chose des Elemens.

Des Elemens.

L'Element est un corps simple, qui sert à la composition de tous les corps composez, & ausquels tous se resoudent.
L'ordre semble demander, qu'aprés

avoir descendu depuis le dernier Ciel jusqu'aux Elemens, nous difions quelque chofe en paffant de leur nature & de leurs qualitez.

Du nombre des Elemens.

LEs Elemens font au nombre de quatres, fçavoir le Feu, l'Air, l'Eau, & la Terre.

Il y a quelques nouveaux Philofophes qui n'en mettent que trois; l'Air, l'Eau & la Terre, parce que le Feu elementaire ne tombe fous aucun des fens.

Des qualitez des Elemens.

LEs principales qualitez font, Chaleur, Secherefle, Froideur & Humidité; le Feu eft chaud & fec, l'Air chaud & humide, l'Eau humide & froide, la Terre froide & feche.

Il y en a qui difputent fi les qualitez des Elemens font intenfes ou remifes; c'eft à dire, fi le feu qui eft chaud & fec, eft extrêmement chaud & extrêmement fec, ou extrêmement chaud & moderément fec; mais cette question n'est pas de ce lieu icy.

Du Mouvement des Elemens.

LE Mouvement des Elemens n'est pas circulaire, comme celuy des Cieux, mais il se fait selon une ligne droite, ou haut ou bas, celuy qui se fait en haut est propre au Feu, & à l'Air, & celuy qui se fait en bas appartient à l'Eau & à la Terre.

Quant au Mouvement circulaire des Eaux que quelques-uns leur donnent, la verité est que les Nautonniers ont experimenté, que le cours qu'ils font au Levant, leur donne plus de peine que quand ils courent avec le Monde vers le Couchant, & ce d'autant plus qu'ils approchent vers la Ligne ou l'E-quinoxial. Mais de conclure de là que les Eaux suivent le mouvement des Cieux, il n'y a pas grande apparence, dautant que cette difficulté qu'ils éprou-

On peut ajoûter icy en passant, que le Feu Elementaire est souverainement chaud & moderément sec. Que l'Air est souverainement humide, & moderément chaud. Que l'Eau est souverainement froide, & moderément humide. Et que la Terre est souverainement seche, & moderément froi-de.

vent, pour arriver à cause des vents qui souflent de ces quartiers là, que les Mariniers appellent Brises. *a*

Définition des Elemens.

LE Feu est un Element chaud & sec, l'Air un Element chaud & humide, l'Eau un Element humide & froid, la Terre un Element froid & sec.

Les Medecins les definissent par les premieres qualitez, ainsi selon eux le Feu est le premier chaud, l'Air le premier humide, l'Eau le premier froid, la Terre le premier sec. *b*

a Chaque Element symbolise avec son voisin, & est directement opposé à celuy duquel les qualitez luy sont contraires.

b La matiere des Elemens qui n'est pas transformée, mais seulement alterée, forme les Meteores qui sont de trois sortes; sçavoir les ignées, comme le tonnerre, les feux folets, les dragons ardens, les estoilles tombantes & tous les autres Phœnomenes du feu qui paroissent en l'air. D'autres sont aëriens, comme les vents & les tourbillons: mais les Meteores les plus ordinaires sont les aqueux, comme les nuées, l'Arc-en-Ciel, la grêle, la neige, la gelée, la pluye, la rozée & les autres semblables.

TRAITE'
DE LA SPHERE
DU MONDE.

LIVRE III.

Des suppositions Astronomiques &
Phænomenes.

VOicy où l'on trouvera du contentement, en considerant comment l'esprit humain a esté si curieux, que de rechercher les causes de tant d'effets si admirables en la nature, qui journellement apparoissent en nos yeux. Nous avons joint les Hypotheses avec les Phænomenes, comme estant une matiere presque semblable, & qui s'entr'aident à l'intelligence les unes des autres.

Des Hypotheses, ou suppositions Astronomiques.

HYpotheses est un principe manifeste qui tombe ordinairement sous le sens, & qui n'est pas d'ordinaire contredit, comme estant facile à estre démontré.

Les Astronomes pour fondement de leur doctrine, & pour rendre raison des apparences Celestes, prennent ordinairement celles qui s'ensuivent.

Que la Terre est au milieu du Monde.

IL y a environ 1800. ans que le Philosophe Aristarche Samien a crû, que la Terre n'estoit point au milieu du Monde, mais que c'estoit le Soleil, qui estant là comme immobile, donnoit de la clarté à tout l'univers. Ce Philosophe jugeant estre une absurdité grande, que la Terre qui produit une infinité d'animaux mobiles, fut immobile, & que la cause fut de pire condition que son effet. Cette opinion longuement ensevelie, a esté depuis

quelque

quelque temps renouvellée par cet ex-
cellent Astronome, nommé Copernic,
qui de gayeté de cœur, s'efforce de
prouver en ses revolutions la verité de
cette hypothese Samienne. Mais pour
demeurer à l'opinion la plus reçuë,
nous supposons avec les autres, que la
Terre est au milieu du Monde, considerant un grand dereglement qu'on ob-
serveroit aux Phœnomenes, si elle en
estoit ostée. Car en quelque lieu qu'elle
puisse estre (principalement si elle estoit
notablement distante du centre de l'U-
nivers, comme a supposé Copernic)
il s'ensuivroit que la distance de deux
Estoilles, observée par les instrumens
ordinaires, ne paroîtroit pas de tous
les endroits de la Terre toûjours égale,
comme elle fait. Que les Equinoxes
ne se feroient pas par tout le Monde,
quand le Soleil entre au Belier & en
la Balance : Que les longs jours artificiels n'égaleroient pas les longues nuits
artificielles : Que les ombres des styles
Orientales & Occidentales, feroient de
grandeur inégale, le Soleil estant en
même élevation, & une infinité d'autres absurditez. Ainsi nous conclu-
rons que la Terre, comme un Element

N

le plus pesant, a esté mise au lieu le plus bas. Or le lieu le plus bas, est celuy qui est plus éloigné du Ciel ; & le lieu qui est plus éloigné du Ciel est le centre. C'est pourquoy la Terre est au centre, c'est à dire au milieu du Ciel, ou du Monde. *

Que la Terre est immobile.

C'Est un consentement presque universel de tous les Astronomes, que la Terre est immobile : car si elle se mouvoit, ce seroit hors de son lieu, ou sur son centre. Et si ce mouvement se faisoit hors de son lieu, toutes les apparences Celestes seroient dereglées, comme nous venons de démontrer. Et si elle faisoit un tour sur son centre en

---

* On peut ajoûter que si la Terre n'étoit pas au milieu du Monde, on ne verroit pas la moitié du Ciel, comme l'on fait en quelque lieu de la Terre que l'on soit, & que les Eclipses de Lune ne pourroient pas se faire quand la Lune est dans son plein, & par consequent opposée diametralement au Soleil, parce qu'alors la Terre ne seroit pas entre les deux luminaires, pour pouvoir éclipser la Lune par son ombre, ce qui est contre l'experience.

24. heures , comme il y en a qui le
veulent , les chofes graves ne tombe-
roient pas à angles droits fur les fur-
faces planes. Un jet de pierre fur la
terre , ou autre mouvement violent,
feroit plus loin-tain d'un cofté que d'autre. Les oyfeaux qui volent en l'air,
s'ils alloient vers l'Occident, pourroient
à peine trouver leur nid. Il faudroit
que ceux qui font fous l'Equateur (où
ces obfervations feroient plus manifeftes, comme y eftant le mouvement plus
violent) fiffent en un jour naturel un
circuit de dix milles huit cens lieuës
(ayant la terre autant de tour) qui leur
feroit un mouvement non feulement
fenfible , mais dangereux , à caufe de la
rapidité qui ébranleroft tous les édifi-
ces : car en approchant vers les Poles,
cette viteffe peu à peu s'allentiroit. C'eft
pourquoy fans extravaguer avec plufieurs efprits fubtils , je fuppofe icy que
la terre eft immobile au centre du Monde, n'y ayant aucune raifon affez forte
qui ait pû me perfuader de l'ôter de fa
place , n'eftoit l'experience de Pierre
Peregrin (fi elle eft vraie) qui me tient
en doute, qui affeure qu'une petite boule
d'aymant (qui reprefente une petite ter-

re) estant suspenduë par ses Poles sous le Meridien, selon l'élevation du Pole du lieu, fait une revolution en 24. heures. Et conclud par là, que de même la terre fait une revolution sur l'axe du Monde.

Que la Terre est un point, comparée à l'Univers.

BIen que le corps de la Terre soit tres-gros, & son étenduë immense, si est-ce qu'étant comparée à tout l'Univers, cette grosseur est si peu de consequence, qu'elle est insensible, & comme un point, pour plusieurs raisons. La premiere parce qu'en quelque endroit que l'homme soit, il voit ou peut voir toûjours six Signes du Zodiaque, & la moitié du Ciel; ce qui ne pourroit pas arriver, si la Terre avoit quelque quantité notable à l'égard de tout le Monde. Secondement cela se prouve par l'ombre des styles, qui ne laissent pas de montrer precisément l'heure sur

la furface de la Terre, comme s'ils é-
toient dreffez à fon centre. Troifiémement, on confirme la chofe eftre ainfi,
par les inftrumens des Mathematiciens,
avec lefquels ils obfervent la hauteur
& la diftance des Aftres au deffus de la
Terre, comme s'ils étoient au centre. Et
enfin par la groffeur des Eftoilles fixes,
entre lefquelles la plus petite excede la
groffeur de la Terre. *a*

a On peut encore démontrer la petiteffe
de la Terre à l'égard du Ciel du Soleil, par
l'éclipfe de Lune, parce que dans certaines
rencontres on a vû la Lune éclipfée, & par
confequent diametralement oppofée au Soleil, & cependant on les a vû tous deux enfemble. Il eft bien vray que la caufe de cela eft la refraction, mais fi le diametre de
la Terre étoit confiderable à l'égard de la
Sphere du Soleil, cela ne pourroit jamais arriver. D'où il fuit que l'Horizon fenfible B
C, & le Rationnel ne different pas fenfiblement. On ne laiffe pas neanmoins de diftinguer deux fortes d'Horizons; l'un rationel,
comme D E, qui paffe par le centre du Monde K, & l'autre fenfible, comme B C, qui
raze la furface de la Terre au point A : mais
ces deux Horizons ne different pas fenfiblement entr'eux, la difference B E, ou C D,
n'étant que d'environ un degré dans le Ciel
de la Lune, & de trois minutes dans le Ciel
du Soleil, & tout à fait infenfible dans le

Firmament : d'où il suit qu'à l'égard des Estoilles fixes , la Terre peut passer pour un
point , ce qui fait que quelque point de la
Terre que ce soit , peut estre pris pour le
centre du Monde.

Que la Terre & l'Eau constituënt un corps Spherique.

C'Est une chose reçûë de tous les
Philosophes , que les eaux qui
coulent de leur nature , vont toûjours
vers la partie la plus basse. Et ainsi il
y a une infinité de collines , montagnes & vallées sur la terre , que la nature y a laissé pour la commodité des
animaux qui vivent dessus. Et bien
que ces éminences & concavitez considerées en soy , paroissent grandes , é-
tans comparées toutefois à la grosseur
du globe terrestre , sont si petites , qu'elles ne changent point pour cela la figure ronde. Car tout ainsi comme si
un ciron avoit à courir par dessus une
grosse boule de pierre , il ne feroit autre chose que monter & descendre , à
cause de la rudesse & de l'inégalité du
corps : De même , l'homme estant à
l'égard de la terre , ce qu'un ciron est
au respect d'une boule de pierre , il ne

faut pas s'étonner s'il y rencontre quantité de montagnes & de vallées, qui toutefois, à raison de sa grosseur, ne peuvent & ne doivent empêcher qu'elle ne soit dite ronde. Et en effet, en l'éclipse de la Lune, où l'ombre de la figure de la terre est representée, on n'y apperçoit rien qui repugne à la rondeur du corps d'où elle provient. Et que si nous pouvions voir de loin la terre, comme nous voyons le Soleil & la Lune, c'est sans aucun doute qu'elle nous aparoîtroit de figure ronde.

Que la Terre est ronde.

LA figure de la Terre n'est point differente de celle du Monde, pour preuve. Premierement, on démontre qu'elle est ronde d'Orient en Occident; dautant que les Signes & les Estoilles ne se couchent & ne se levent pas à tous les Habitans de la terre en même instant : Mais se levent premierement aux Orientaux, passent par leur

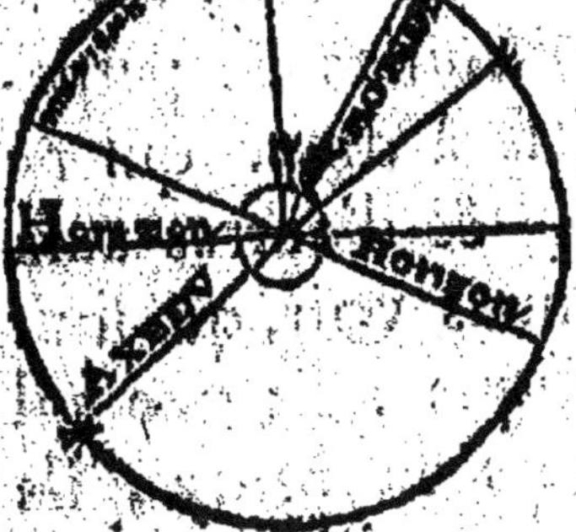

meridien , & se cachent plustost qu'à
ceux qui demeurent plus vers le couchant. Ce qui facilement se démontre
aux éclipses de la Lune , lesquelles encore qu'elles commencent en même instant par tout le Monde , toutefois nous
apparoissent en diverses heures , selon la
distance que nous avons les uns des
autres , plus ou moins vers l'Occident.
Ainsi l'entiere éclipse de Lune de cette
année 1627. que ceux de Francfort ont
vû le 28. Juillet à 6. heures 41. minute,
nous a paru à 6. heures & onze minutes , parce que Francfort est une Ville
plus Orientale que Paris , environ de 8.
degrez , ou demy-heure. Et pour montrer qu'elle est ronde aussi du Septentrion au Midy , il faudra considerer le
mouvement des Cieux , & on observera
que ceux qui demeurent vers le Septentrion , ont sur leur Horizon , vers le
Pole Arctique , des Estoilles de perpetuelle apparition ; c'est à dire , qui ne
se couchent jamais , & d'autres aussi
qu'ils ne peuvent jamais voir , qui sont
vers le Pole Antarctique : Et que s'il
leur arrive d'aller vers le Midy , ils
pourroient aller si loin , qu'ils apperce-
vroient des Estoilles se lever , qui ne se

levoient point au lieu de leur demeure accouſtumée : Et au contraire, celles du côté du Septentrion, qu'ils voyoient toûjours, les unes a-prés les autres s'ab-baiſſer ſur l'Hori-zon. Davantage, il obſervera qu'à meſure qu'il ira vers l'un des Poles, que la latitude de la region s'augmentera ou diminuëra, à raiſon du chemin qu'il fera, qui eſt un indice certain, que la Terre a une for-me ronde du Septentrion au Midy. *a*

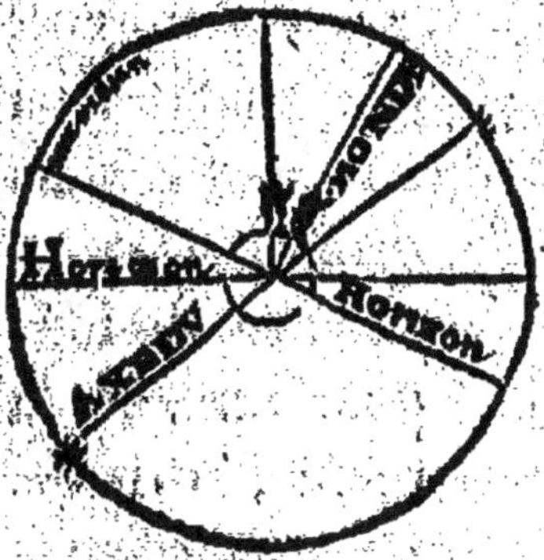

Que l'Eau a la figure ronde.

IL ne faut pas s'imaginer que l'Eau eſt au niveau ſur la terre, bien que l'on s'en ſerve pour meſurer les Lignes droites aux petites diſtances, elle a la figure ronde auſſi bien que la Terre, comme il eſt manifeſte aux grandes na-

a. Les Phyſiciens prouvent la rondeur de la Terre par l'effort de toutes ſes parties, qui ſe preſſent également de toutes parts, pour arriver & s'approcher de leur centre, qui eſt le lieu le plus éloigné du Ciel.

vigations. Car au partir du port, insen-
siblement se perd de veuë le rivage, les
maisons & les montagnes. Et quand
on est au milieu des Mers, on ne voit

plus que le Ciel
& l'eau : Mais
quand on com-
mence à rap-
procher vers la
terre, on ap-
perçoit petit à
petit que les
montagnes, les
châteaux, les
rochers se levent & se découvrent, ce
qui est une experience asseurée, que les
Mers ont une convexité : Et principalement, à cause que celuy qui est au haut
de la hune d'un vaisseau, découvre plûtôt le port que celuy qui est sur le tillac.

Celuy qui circuit la Terre en sa
navigation, trouve un jour de
difference avec ceux de son
Païs à son retour.

C'Est une chose digne de consideration, que ceux qui navigent sur les

Mers pour circuir le Monde, étans retournez en leur maison, ne s'accordent pas au jour qu'il est, avec ceux qui n'ont bougé du lieu. Car s'ils ont fait leur tour en s'en allant par le Couchant, étans arrivez, ils comptent un jour moins du mois qu'il n'est, & s'il est Dimanche, ils disent qu'il est Samedy. Et au contraire, ceux qui vont contre le mouvement journal du Soleil, vers le Levant, étans retournez, comptent un jour davantage; & s'il est Dimanche où ils arrivent, ils disent qu'il est Lundy. En sorte que si deux Marchands arrivent en leur Païs au jour du Dimanche, aprés avoir tourné autour de la Terre, l'un s'en étant allé vers l'Orient, l'autre vers l'Occident, celuy qui aura esté par l'Orient, dira qu'il est Lundy, & l'autre qui aura esté par le côté d'Occident, dira qu'il est Samedy, & alors la difference sera de deux jours. Ce qui est toutefois vrai sans qu'il y ait aucun mécompte. Car celuy qui va avec le cours du Soleil, fait en son voyage un des circuits que le Soleil fait en un jour, & pour ce sujet compte un jour demoins: Et l'autre qui va contre son mouvement ordinaire vers le Levant, fait que le Soleil passe une fois davantage sous son meridien, comme allant au devant de luy; & pour cette cause, compte un jour de plus. Ce qui étant entendu, il est aisé de soudre cet Enigme, comment il se peut faire que deux Gemeaux nez en même heure & morts en même heure aussi, ayent vêcu des jours l'un plus que l'autre, dautant que si l'un tourne autour de la terre plusieurs fois en s'en allant vers le Levant, celuy-la comptera autant de journées davantage que l'autre, qu'il aura fait de circuits au Monde. Et il y aura encore une plus grande difference de jours, si tous les deux tournent autour du Monde, en s'en allant par divers endroits.

Que le Monde est de figure Spherique.

Autrefois il y a eu des Philosophes qui ont estimé que l'Univers estoit de la forme d'un œuf, à ce qu'écrit Plutarque. Et pour ce sujet les Prêtres de Bacchus reveroient l'œuf en leurs Sacrifices, comme étant un symbole du Monde. Ce que témoigne aussi Proclus, quand il dit que τὸ ὀρφικὸν ᾠὸν ἢ τὸ τȢ πλάτωνος ὄν, estre la même chose.

Mais ceux qui ont esté les plus celebres,
ont tous dit, que le Monde estoit de figure spherique. La premiere cause, parce que tel il paroît à nos yeux. La seconde, dautant que la figure ronde est
la plus parfaite, & comme ayant quelque rapport avec la perfection de l'Ar-
chitecte. Troisiémement, que c'est celle
qui est la plus facile à se mouvoir, sans
qu'il soit besoin d'autre espace, que le
lieu où elle est. Et enfin, parce qu'entre les figures solides isoperimetres; c'est
à dire de pareil circuit, la plus capable
pour contenir l'Univers,& le Globe ou
la Sphere. Car si Dieu eût fait le Monde
d'autre figure que ronde, il y eût eu plus
de circuit pour contenir ce qu'il contient.

Que le Monde se meut spherique-
ment.

UNe Sphere (comme est le Monde,
puis qu'il est de figure spherique)
est icy dite se mouvoir spheriquement,
quand elle se tourne sur un axe, sans
changer de lieu, comme il paroît aux
Spheres artificielles qui se meuvent par
maniere de dire en soy. Or on a re-

connu de tout temps par deux raisons, que la Sphere naturelle, ou du Monde, se meut de semblable façon. La premie-re est que les Anciens qui ont esté Au-teurs de ces hypotheses, ont observé que les Etoilles se levoient, puis peu à peu montoient vers le Midy, & de pareille teneur s'abbaissoient vers le Couchant. Et aprés avoir sejourné quelque temps sous terre, derechef ils les voyoient se lever de même part, & toûjours conti-nuer le pareil circuit. L'autre raison est, qu'à tous ceux qui habitent en la Sphere oblique, les Estoilles qui sont auprés du Pole, ne se cachent point, mais décrivent des Cercles grands ou petits en 24. heu-res, selon les diverses distances qu'elles ont dudit Pole du Monde. Si donc les Estoilles qui sont comme des points ou des petites parties, au regard des Cieux, sont portez d'un mouvement circulaire. Il est apparent que le mouvement du tout est semblable au mouvement des parties; & que par consequent la Sphere du Monde se meut en rond ou spherique-ment.

En supposant que le Ciel se meut alen-tour de ses deux poles, il suit évidem-ment que la figure est spherique, laquelle est conforme à un corps qui se meut en rond. Ce qui est évident par les reguliers levers & couchers des Estoilles, & par leurs regulieres élevations sur l'Horizon, conformes à tous nos Globes & Planispheres qui supposent ce mouvement circulaire. Comme aussi de ce que nous voyons de nuit, que la ceinture d'Orion fait un grand circuit, parce qu'elle est proche de l'Equateur : la grande Ourse un moindre : la Cynosure un plus petit & l'Estoille polaire un tres-petit. Ce qui marque qu'il y a un point fixe que nous appellons Pole, & par consequent un autre diametralement opposé, où l'on observe la même difference de circuit des Estoilles à mesure qu'elles s'éloignent de l'Equateur.

Des Phænomenes & apparences.

APrés avoir traité des hypotheses Astronomiques, nous expliquerons maintenant les apparences : sçavoir Premierement celles qui dépendent de la conversion du premier mobile. Secondement, celles qui suivent simplement le mouvement des Planetes. Troisiémement, celles qui arrivent par leur mouvement à l'égard de la terre : & puis nous finirons ce troiſiéme Livre par un petit diſcours des Phœnomenes extraordinaires.

Des Phænomenes qui ſuivent le mouvement du premier Mobile.

IL y en a de deux ſortes ; à ſçavoir, le lever & le coucher des Signes, ou leurs aſcenſions & deſcentes : & le lever & le coucher des Eſtoilles.

Du Lever & du Coucher des Signes.

LE *Lever & le Coucher des Signes,* autrement le *Lever & le Coucher Aſtronomique,* eſt le temps que demeurent les Signes du Zodiaque à ſe lever ſur l'Horizon, ou à ſe coucher au deſſous. Ils appellent auſſi ce *Lever & Coucher aſcenſions & deſcentes des Signes,* leſquelles ſont de deux ſortes, *droites & obliques.*

L'obliquité du Zodiaque, au reſpect du mouvement du premier Mobile, eſt cauſe que quelques Signes ſe levent & ſe couchent en diverſes façons, les uns plus droitement, les autres plus obliquement

ment, d'où s'enfuit l'inégalité du temps.

Des afcenfions droites & obliques.

LEs afcenfions & defcentes droites fe
font en la Sphere droite, les obliques
en la Sphere oblique. Mais en l'une &
en l'autre un Signe eft dit monter ou defcendre droitement, quand il demeure plus
de deux heures à fe lever & à fe coucher:
Comme monter & defcendre obliquement, quand il y employe moins de deux
heures.

Il y en a qui définiffent les afcenfions
& les defcentes des Signes par l'arc de
l'Equateur, qui monte & defcend fous
l'Horizon avec les Signes. Et alors un
Signe eft dit monter ou defcendre droitement, quand une plus grande partie
de l'Equateur monte ou defcend avec
luy : comme monter & defcendre obliquement, quand c'eft une moindre partie
qui monte & defcend.

Des afcenfions & defcentes felon la diverfe pofition de la Sphere.

LEs afcenfions & defcentes des Signes font bien differentes par tou-

O

te l'étenduë de la Terre. J'en diray icy
ce qui sera de plus notable.

Des ascensions en la Sphere droite.

SOus l'Equateur où la Sphere est
droite, les huit Signes qui sont les
plus proches des Equinoxes, se levent
obliquement. Et les quatre autres voisins
des Solstices, droitement.

Des ascensions en la Sphere oblique.

BIen qu'il y ait une grande inégalité d'ascensions en la Sphere oblique, on peut toutefois dire en général
que depuis le Solstice d'Esté jusqu'au Solstice d'Hyver, les Signes se levent droitement : & au reste du Zodiaque, obliquement.

Des ascensions sous les Cercles Polaires.

SOus les Cercles Polaires il y a beaucoup de choses dignes de remarque.
Premierement, il est à noter que le Soleil se leve & se couche en tous les endroits de l'Horizon deux fois l'an. Se-

condement, quand le Soleil est aux Signes ascendans, il a toûjours six Signes
qui l'accompagnent à son lever, & six
qui se couchent en même instant. Et
quand il court par les Signes descendans, il a toûjours six Signes qui se
couchent avec luy en un moment, & six
qui se levent. Troisiémement, on remarquera que ce n'est pas une regle génerale,
qu'en tous les jours artificiels il se leve
six Signes. Car bien qu'en cette posi-
tion-cy, au plus petit jour de l'an, qui
n'est qu'un instant, il y ait six Signes
du Zodiaque qui se levent. Neanmoins,
quand le Soleil entre au Verse-eau, il y
en a sept; quand il entre aux Poissons,
huit; quand il est en l'Equinoxe, neuf;
quand il entre dans le Taureau, dix;
quand il entre aux Gemeaux, onze; Et
enfin quand il est au Solstice d'Esté, il
y en a douze: sçavoir, six qui se levent
toûjours en un instant, & les autres qui
suivent avec espace de temps. On expe-
rimentera le même en l'autre moitié du
Zodiaque; mais avec cette difference,
que ceux qui se levent avec espace de
temps, montent les premiers, & ceux
qui se levent en un moment, viennent
eprés.

Des ascensions dans les Zones froides.

AUSSI-tôt que l'on est entré dans les Zones froides, les Signes du Zodiaque ne se levent & ne se couchent selon l'ordinaire. Car par exemple, en la Zone froide Septentrionale, les Signes qui sont vers l'Equinoxe du Printemps se levent à rebours, comme les Gemeaux se levent devant le Taureau, le Taureau devant le Belier, & par consequent les dernieres parties des Signes devant les premieres. Le même se fait aux trois autres ; le Capricorne, le Verseau & les Poissons, bien que ces Signes ne laissent pas pour cela de s'abbaisser sous l'Horizon selon leur ordre. Au contraire, les Signes qui sont proches de l'Equinoxe de l'Automne de part & d'autre, se levent selon la Coûtume, mais ils se couchent tout au contraire.

Des ascensions en la Sphere parallele.

EN la Sphere parallele, sous les Poles, il n'y a aucunes ascensions des

Signes, ny defcentes : Car la moitié de
l'Ecliptique eft toûjours fur l'Horizon,
l'autre deffous.

Du lever & du coucher des Eftoilles.

LE *lever & le coucher des Eftoilles
eft de deux fortes, vray ou apparent.
Le vray eft divifé en Cofmique & en
Acronyque. L'apparent eft dit Heliaque
ou Solaire.*

Voicy un Phœnomene qui fuit le
mouvement du premier mobile, & le
cours ordinaire du Soleil : & ainfi il
n'importe pas auquel des deux on le
veüille rapporter.

Du lever & du coucher Cofmique.

LE *lever Cofmique d'une Eftoille fe
fait au matin, environ le lever du
Soleil : ce qui arrive quand une Eftoille
fe leve avec le Soleil fur l'Horizon, ou
un peu devant, ou un peu aprés : Mais
celle qui en même temps s'abbaiffe au
deffous, a le coucher Cofmique.*

Les Aftronomes appellent ce lever &
coucher des Eftoilles Cofmique ; c'eft à
dire mondain, ou avec le monde ; parce

que le monde semble au matin comme renaître, & de nouveau recommencer ses actions.

Du lever & du coucher Acronyque.

LE lever Acronyque d'une Estoille se fait au soir, environ le coucher du Soleil, & se fait quand une Estoille se leve, lors que le Soleil se couche, ou un peu devant ou un peu après : Mais celle qui se couche avec luy, a le coucher Acronyque.

Quelques-uns, non sans raison, ont appellé le lever & le coucher Cosmique matutin, & l'Acronyque ou Cronyque vespertin : parce que comme celuy-la se fait au matin, aussi celuy-cy se fait aux Vêpres & sur le soir. Aussi Acronyque signifie-t'il le commencement de la nuit.

Du lever & du coucher Solaire.

LE lever Solaire d'une Estoille se fait quand une Estoille paroît sur l'Horizon, laquelle auparavant ne pouvoit pas estre veuë, pour estre trop proche du Soleil.

ET

Le coucher Solaire se fait quand on cesse de voir une Estoille sur l'Horizon, laquelle auparavant se voyoit, parce que le Soleil en estoit éloigné.

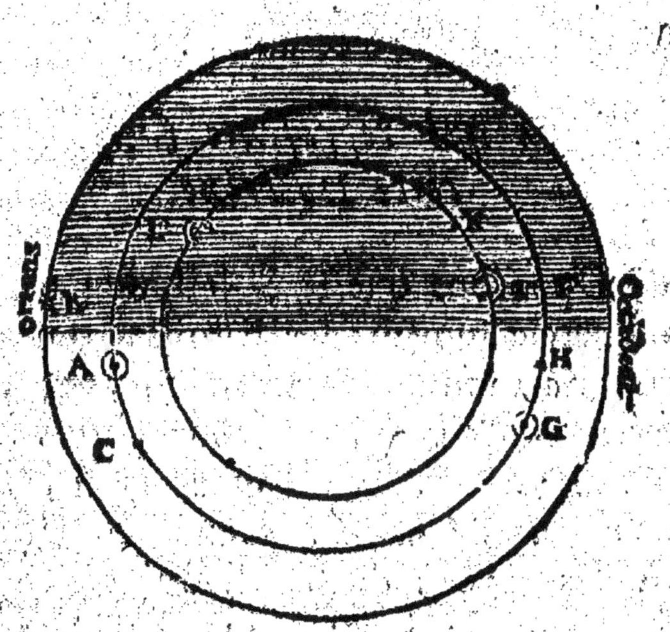

Ce lever & ce coucher des Estoilles est dit apparent non vray, parce qu'il ne se fait pas en l'Horizon, comme les précédens; mais plus haut, tant du côté d'Orient que d'Occident, selon que les Estoilles ont plus ou moins de lumiere. Il y avoit quelque utilité au temps passé d'entendre cecy, parce qu'avant que les saisons de l'année fus-

sent déterminées par le mouvement du
Soleil, les Poëtes, les Historiens & les
Auteurs de l'Agriculture, les définis-
soient par le lever & le coucher des
Estoilles, comme il se voit dans Hesio-
de, Homere, Hyppocrate, Columelle,
Virgile, Ovide, & autres.

Figure qui represente facilement cette Doctrine.

SUpposons que le Soleil aille par le
cercle moyen, les Estoilles qui auront un mouvement plus lent, par l'exterieur ; & celles qui vont plus viste,
par l'interieur. Cela étant ainsi, soit
une Estoille en B, cachée en Orient
par les rayons du Soleil qui est en A,
dans peu de jours, quand il sera au
point C, cette Estoille B, se fera voir,
& aura un lever Solaire du matin.
Aprés soit la Lune en I, qui pour être
trop voisine du Soleil, qui est en H,
ne peut être appeçûë : quand elle sera
au point K, elle paroîtra, & aura un
lever Solaire du soir : Derechef, soit
une Estoille en F, qui puisse estre vûë,
parce que le Soleil est en G, quand
dans peu de temps il sera parvenu au

point

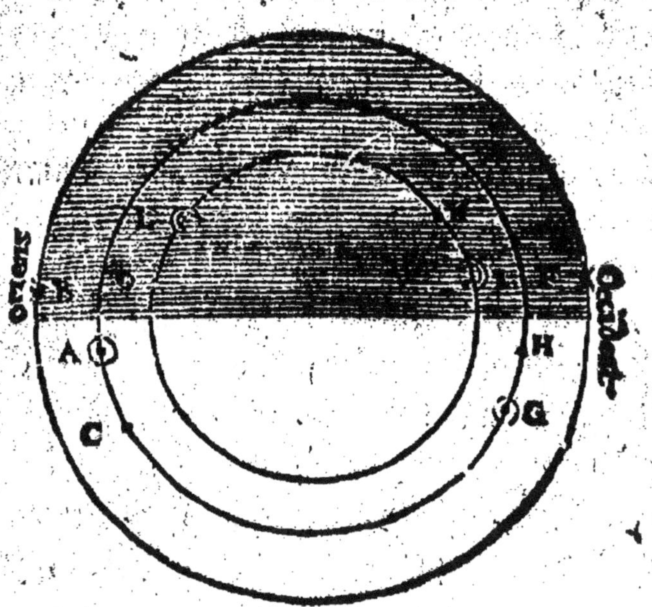

point H, elle disparoîtra, & aura un
coucher Solaire du soir. Enfin si on
peut voir la Lune étant en E, à cause
que le Soleil est en A, & éloigné d'elle:
quand elle sera parvenuë au point D,
on ne la verra plus pour estre trop proche de luy, & ainsi elle aura un coucher Solaire du matin.

Des Phænomenes qui suivent le mouvement des Planetes.

JE ne feray icy recit que des principaux, & de ceux qui sont plus ap-

P

parens, laissant une honneste curiosité aux amateurs de ces sciences, de rechercher la cause de plusieurs autres.

Les Diametres des Planetes paroissent de diverse grandeur.

CE qui arrive à cause de l'inégale distance qu'ils ont à l'égard de la Terre, en faisant leur tour, qui n'est pas concentrique avec celuy du Monde. Car c'est un principe de perspective, que plus les corps sont éloignez, plus

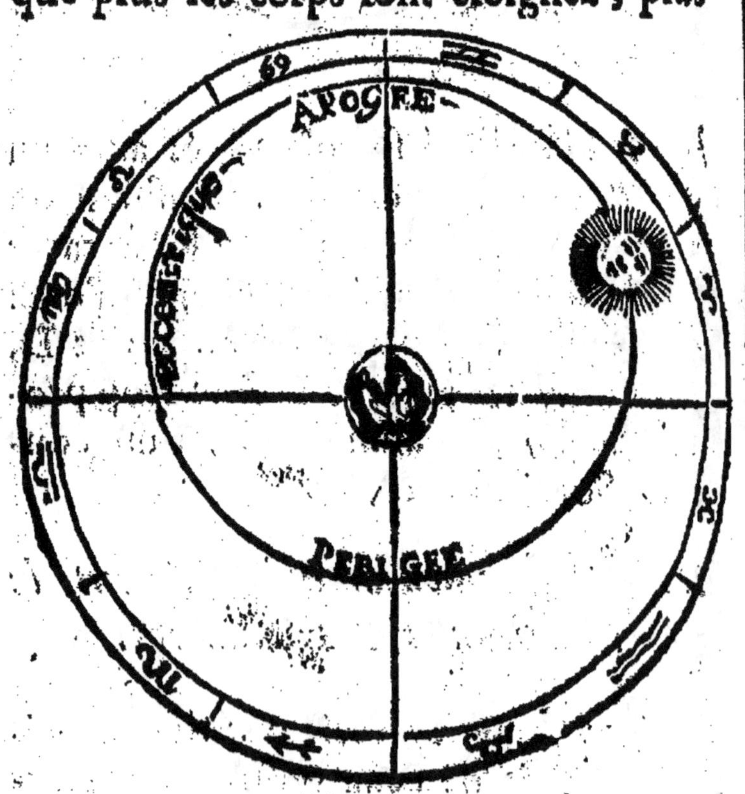

ils paroiſſent; & plus ils ſont proches,
plus ils paroiſſent grands. Et de là vient
que le Soleil, quand il eſt en ſon Eccentrique, au lieu le plus éloigné de la
Terre, qu'on appelle Apogée, il paroît
le plus petit : Et quand il eſt au lieu le
plus proche, qui eſt dit Perigée, il paroît le plus grand. Or le lieu de l'A-
pogée du Soleil en ce temps icy, eſt
le 6. de l'Ecreviſſe, & le lieu du
Perigée le 6. du Capricorne.

Les quatre Saiſons de l'année, ſont inégales.

LEs Pythagoriciens, à ce que dit
Geminus, conſiderant le mouvement des Planetes, ont ſuppoſé qu'ils
avoient des mouvemens circulaires,
comme l'experience le témoigne aſſez,
mais qu'ils étoient auſſi toûjours égaux.
Car d'admettre une irregularité à ces
corps Celeſtes & divins, & de dire
que quelquefois ils vont plus viſte, &
quelquefois plus lentement : ils eſti-
moient cela eſtre une choſe tres abſurde, attendu qu'un homme ſage & de
ſens raſſis, va toûjours d'un même pas,
bien que quelques occurrentes neceſſ.

tez le pourroient quelquefois presser à
faire le contraire. Mais en cette nature
incorruptible des Astres, il ne peut y
arriver aucune occasion de vîtesse ou
de tardiveté. Ce qui étant bien raison-
nable, ils ont conclu que le Soleil cou-
roit par un cercle eccentrique sous le
Zodiaque, tant à cause qu'ils avoient
observé le diametre du Soleil d'une
inégale grandeur, que parce qu'ils
voyoient que les saisons de l'année
étoient inégales. Estant par experience
le Soleil un plus longtemps à courir

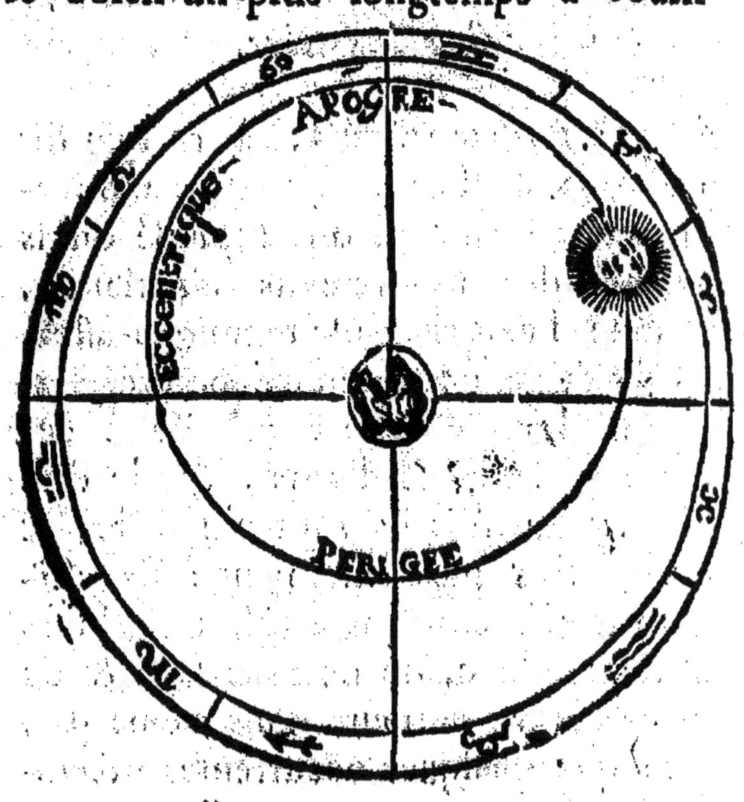

les Signes Septentrionaux , que ceux
qui font du côté du Midy , & qu'il y
a plus de jours depuis l'Equinoxe du
Printemps jufqu'à celuy d'Automne,
que de celuy-cy jufqu'à l'autre. Ce qui
eſt manifeſte par cette figure, à laquelle
la ligne qui va d'Orient en Occident,
divife le Zodiaque en deux parties é-
gales , mais l'Eccentrique du Soleil en
deux inégales. Et fuppofant qu'il aille
toûjours d'un pas égal, il eſt neceſſaire qu'il fajourne davantage en la partie de fon Eccentrique qui ſera plus
grande, & moins en celle qui ſera plus
petite. Et ainfi par ce mouvement inégal, au refpect du Monde, il parcourt
les Signes du Printemps en 93. jours &
10. heures , ceux d'Eſté en 93. jours
14. heures : les Signes d'Automne en
89. jours & 4. heures : les Signes d'Hyver en 89. jours & 2. heures.

D'où vient que les Planetes vont quelquefois selon l'ordre des Signes, d'autres fois contre l'ordre, & quelquefois semblent ne bouger de leur place.

LES Astronomes pour rendre encore raison de quelques autres apparences, ont supposé un petit Cercle, comme b, c, d, e, qui porte la Planete, lequel a son centre en la circonference de l'Eccentrique, qu'ils appellent Epicycle, comme qui diroit Cercle sur Cercle, qui fait que pendant que la Planete se meut en rond dans ce Cercle, il paroît quelquefois aller selon l'ordre des Signes, d'Occident en Orient, & alors il est dit directe, quelquefois aussi aller contre l'ordre des Signes, d'Orient en Occident, & alors il est dit retrograde. Et enfin quand quelque temps il semble ne bouger de sa place, & estre toûjours au même lieu du Zodiaque ; c'est alors qu'il est dit stationaire, où l'on observera premierement que le Soleil, entre toutes les Planetes, ne va jamais en retrogra-

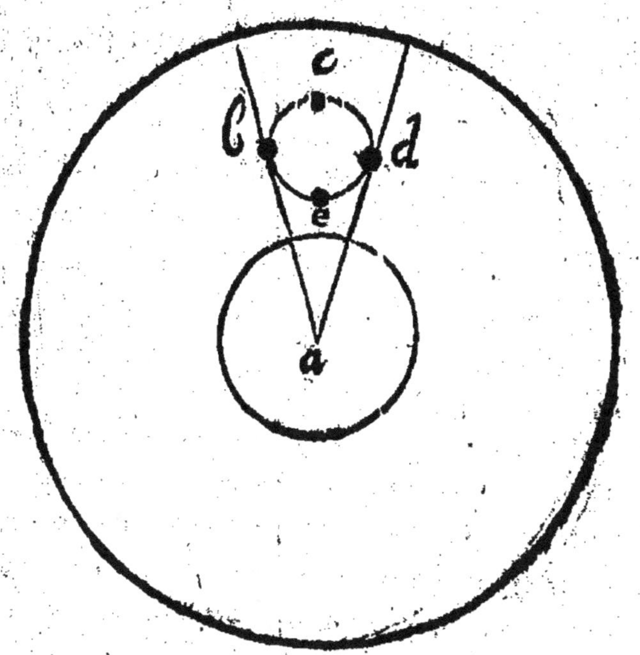

dant contre l'ordre des Signes. Et à
cause de cela on n'a supposé aucun Epicycle en son mouvement, mais seulement un Eccentrique. Secondement,
que bien que les Planetes soient portées en la moitié de leurs Epicycles
contre l'ordre des Signes, elles ne laissent pourtant pas d'estre dites directes,
si cette retrogradation qu'elles font en
ce petit Cercle, est surmontée par le
mouvement de l'Eccentrique, qui va
toûjours d'Occident en Orient, selon
l'ordre des Signes. Ainsi la Lune, encore qu'elle ait un Epicycle, elle n'est

P iiij

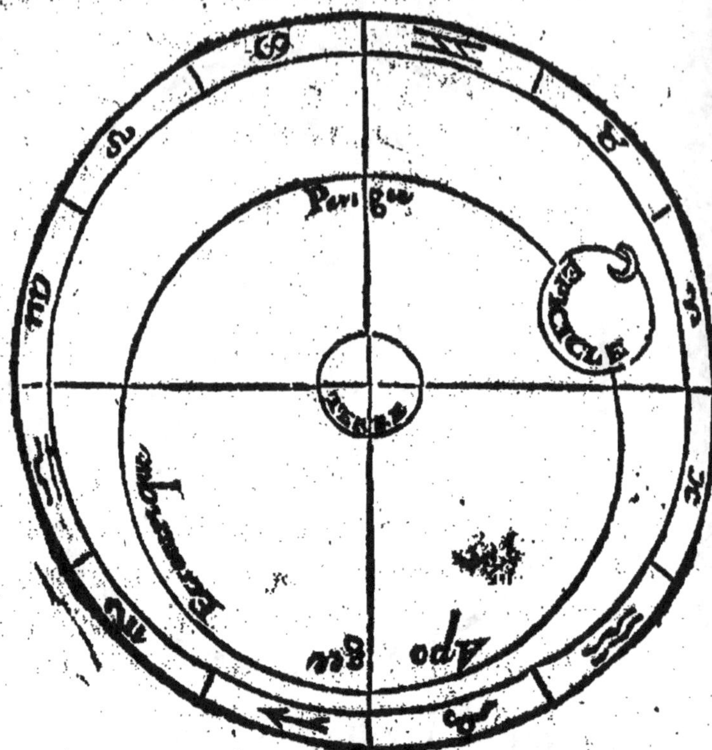

toutefois jamais dite retrograde , bien
qu'elle aille par la partie superieure de
son Epicycle contre l'ordre des Signes,
parce que le mouvement de son Eccentrique , surmonte celuy de l'Epicycle.
Les tables des Ephemerides montrent
cette doctrine tres - clairement , parce
qu'elles assignent pour tous les jours le
lieu des Planetes à Midy precisément
sous le Zodiaque , & si le lieu d'une
Planete de quelque jour excede le pré-
cedent de quelques degrez ou de quelques minutes , les Planetes sont dites

directes, si le mouvement décroît, elles
sont dites retrogrades, & s'il ne croît
ny ne décroît, stationaires.

D'où vient que la Lune va quel-
quefois plus viste sous le Zo-
diaque, & quelquefois plus
lentement.

POur bien entendre cecy, il faut
sçavoir que tous les Eccentriques
vont d'Occident en Orient, comme
nous avons dit, & que les Planetes
qui sont portées dans leur Epicycle,
vont tantost d'un costé, tantost de l'autre. Or est-il que le mouvement que
fait la Lune en son Epicycle, étant
toûjours surmonté par celuy de l'Eccentrique, elle n'est jamais dite retrograde. Toutefois, quand son mouvement est contre l'ordre des Signes,
cela allentit un peu le chemin qu'elle
fait sous le Zodiaque, & est dite en
ce temps-là tardive en sa course. Et
quand son corps va de même part que
l'Eccentrique, elle va fort viste selon
l'ordre des Signes, & c'est alors qu'elle
est dite viste en sa course. Et enfin
quand elle nous paroît aller seulement

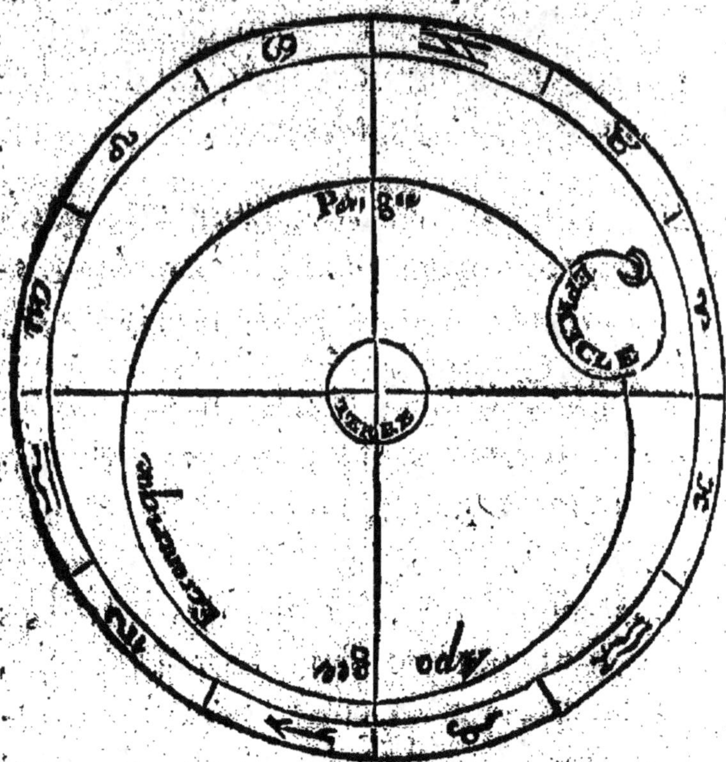

comme à raison du mouvement de l'Eccentrique, elle est dite mediocre en sa
course. Cette diversité de vitesse se
peut remarquer aux Almanacs, où
l'on voit quelquefois que la Lune ne
demeure que deux jours en un Signe,
& quelquefois aussi elle y demeure
trois. Ce mouvement fait haster les
crises aux maladies, ou les retarde.

D'où viennent les grandes retro-gradations des Planetes.

CEla vient du mouvement tardif de leur Ciel, & de la grandeur de leurs Epicycles, lesquels on peut con-siderer en eux, ou à comparaison des Eccentriques qui les portent. Si on les considere en eux, le plus grand de tous est celuy de Saturne, puis celuy de Mars, de Jupiter, de Venus, de Mercure, & de la Lune. Et si on les compare avec leurs Eccentriques, alors le plus grand sera celuy de Venus, puis celuy de Mars, de Mercure, de Jupiter, de la Lune, & de Saturne. Mais cette derniere consideration ne fait pas tant les retrogradations gran-des que la précedente, principalement quand il s'y rencontre le mouvement tardif de l'Eccentrique. Par exemple, le Ciel de Saturne fait en un an quel-ques douze degrez du Zodiaque, du-rant lequel temps cette Planete va d'O-rient en Occident par retrogradation, environ l'espace de quatre mois & de-my. Jupiter est retrograde quelque peu moins, Mars environ deux mois

& quelques jours. Les retrogradations des autres inferieures, font de moindre durée. Et la Lune, à caufe de la vîteffe de fon Eccentrique, & de la petiteffe de fon Epicycle, n'eft fujette à aucune retrogradation : mais elle eft portée toûjours vers l'Orient. *a*

D'où vient que la Lune approche plus prés de nôtre Zenith, que le Soleil.

SI le chemin de la Lune eftoit au deffous de celuy du Soleil, la Lune n'approcheroit pas plus prés de nôtre point vertical que fait le Soleil : mais dautant que le circuit qu'elle fait autour de la Terre, biaife fous l'Ecliptique, elle ne fe trouve fous l'Ecliptique, que deux fois le mois, & s'éloigne par ce biaifement de cinq degrez de la route ordinaire du Soleil. D'où vient que fi en cette élongation elle fe trouve du côté du Septentrion fous nôtre Meri-

a L'Arc de la retrogradation de Mars eft de 12. degrez & quelquefois de 20. Celuy de Jupiter eft de 20. & celuy de Saturne eft de 7. Mars ne retrograde qu'environ de deux en deux ans, Jupiter & Saturne tous les ans.

dien, elle nous paroît presque verticale, comme approchant de nôtre Zenith de cinq degrez davantage que ne fait le Soleil aux plus longs jours d'Esté. Mais au contraire, aussi elle s'écarte plus vers le Midy, que le Soleil ne fait aux plus longs jours d'Hyver. *a*

Des aspects des Planetes.

L'Aspect des Planetes est une certaine distance qu'elles ont au Zodiaque, par laquelle elles s'aident, ou s'empêchent les unes les autres.

Il y a quatre sortes d'aspects entre les Planetes ; sçavoir, quand la distance entr'eux est de deux Signes, de trois, de quatre, ou de six. Et bien qu'il en puisse arriver une infinité d'autres, toutefois parce qu'ils sont de peu d'efficace & de pouvoir, pour faire des mutations insignes aux corps inferieurs.

a L'obliquité de l'Eccentrique de la Lune à l'égard de celuy du Soleil, luy donne une plus grande declinaison qu'au Soleil, & par consequent une plus grande amplitude Orientale & Occidentale, & un plus grand Arc diurne, quand elle est Septentrionale, ou un plus petit, quand elle est Meridionale.

Les Astronomes se sont contentez seulement de ces quatre qu'ils ont nommez : Aspect sectil, quand il y a deux Signes, ou 60. degrez entre deux : Quadrat, quand il y en a trois, ou 90. parties : Trine, quand il y en a quatre ou six vingts degrez : Et enfin opposition quand la distance sera de 180. degrez, ou de 6. Signes. Ainsi le Soleil estant au 10. du Belier, a un regard sectil avec la Lune, qui est au dixiéme des Gemeaux : un regard quadrat à Mars, qui seroit au dixiéme de l'Ecrevisse : un regard trine à Jupiter, qui occuperoit le dixiéme du Lyon : & enfin un regard opposé à Saturne, qui se trouveroit au dixiéme de la Balance.

Des aspects bons & mauvais.

LEs aspects des Planetes ne sont de même genre : Car quelquefois ils s'entrevoyent de mauvais œil, & quelquefois aussi d'un doux regard. L'aspect opposé est du tout malin, tant à cause de la distance, qui ne peut estre plus grande, qu'à cause de la discordance des Signes opposez, qui sont de diverse

nature. En aprés ſuit l'aſpect quadrat,
qui n'eſt pas ſi mauvais, mais il ne
laiſſe pas de menacer de quelque mal-
heur, dautant que les Signes ſeparez
de telle diſtance, ne ſont ny de même
ſexe, ny de même nature. Mais comme il y en a deux mauvais, auſſi il y
en a deux bons : l'un trine, qui pro-
met tout bien, parce que les Signes
conviennent en ſexe & en nature : &
le ſextil, auquel bien que les Signes
ne s'accordent comme au trine, auſſi
ils ne ſont pas du tout contraires les
uns autres, mais ils ſymboliſent en
quelque choſe. »

« Les Planetes ſe diviſent en maſculines,
qui ſont les plus chaudes, & en feminines
qui ſont les plus humides, & en androgines,
qui ſont tantoſt chaudes & tantoſt humides.
Saturne, Jupiter, Mars, & le Soleil ſont
maſculines, Venus & la Lune ſont feminines, & Mercure eſt harmaphrodite, parce
qu'il eſt ſec proche du Soleil, & humide
proche de la Lune.
Toutes les Planetes ſont auſſi appellées
maſculines, quand elles precedent le Soleil
avant Midy, & feminines quand elles ſuivent
le Soleil aprés Midy. Elles ſont encore appellées maſculines & feminines à l'égard
du Meridien, les aſcendantes eſtans maſcu-

lines, & les descendantes feminines.

Les Planetes se divisent aussi en bienfaisantes, en malfaisantes, & en communes, qui font tantost du bien, tantost du mal. Les bienfaisantes, sont Jupiter, Venus, vn peu la Lune, à cause de leur chaleur & de leur humidité, qui les rendent fecondes & vivifiantes. Les malfaisantes, sont Saturne qui refroidit & desseiche, & Mars qui brûle & desseiche. Les communes, sont le Soleil & Mercure, parce que selon leur conjonction avec des Astres bienfaisans ou malfaisans de leur nature, ils font tantost du bien & tantost du mal.

Des Phænomenes qui suivent le mouvement des Planetes, comparez à la Terre.

ON pourroit rapporter, si on vouloit, toutes les apparences Celestes en ce lieu, parce qu'elles sont considerées à l'égard de ceux qui habitent sur la Terre. Mais dautant qu'il y en a qui arrivent à cause de la quantité notable que la Terre a en comparaison de certains Cieux. Pour ce sujet nous en ferons ce Chapitre à part.

Des

Des conjonctions des Planetes.

LA conjonction de deux Planetes eſt une rencontre qu'ils font ſous une même ligne droite, au reſpect d'un certain lieu qui eſt ſur la Terre.

Il eſt facile à conjecturer pourquoy nous n'avons pas mis la conjonction des Planetes avec leurs aſpects, parce que les Planetes en cette diſpoſition n'ont aucune diſtance entr'elles, mais elles ſe trouvent en même ligne, l'une au deſſous de l'autre. Or cette ligne en laquelle elles ſe trouvent, peut être conſiderée, comme partant du centre de la Terre, comme lors que la Lune eſt en C, & le Soleil en F, ou de ſa ſuperficie. Si elle part du centre de la Terre, alors les Planetes C, F, qui ſe

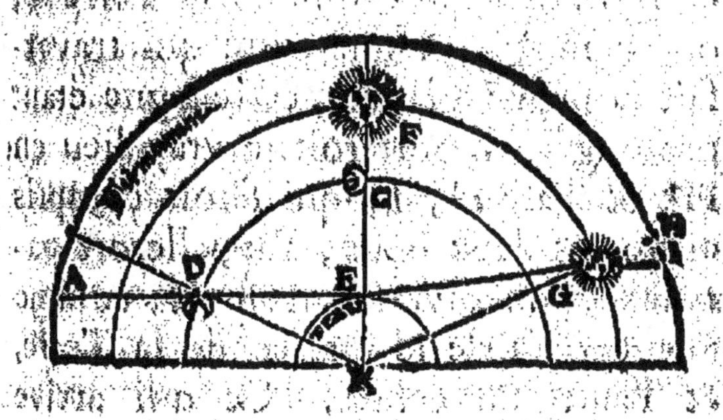

trouvent sous cette ligne, sont dites être en une vraye conjonction, & si elle part de la surface de la Terre, cette conjonction sera seulement dite apparente, comme il se voit plus facilement dans la Figure.

Des Parallaxes des Planetes.

LE *Parallaxe est un arc ou partie de circonference du huitiéme Ciel, compris entre le vray lieu d'une Planete, & son lieu apparent.*

J'expliqueray cecy en peu de mots. Si de la surface de la Terre où nous sommes, nous imaginons une ligne droite qui parte de nôtre œil E, & passe par le centre d'une Planete G, cette ligne étant prolongée montrera au Zodiaque le lieu apparent de la Planete en I. Mais si du centre de la Terre V, on en imaginoit une autre qui traversast la même Planete, cette ligne étant prolongée, montreroit le vray lieu en H, & l'arc H, I, qui seroit compris entre ces deux lieux, s'appelleroit parallaxe, ou diversité d'aspect, comme l'un partant de la surface de la Terre, & l'autre du centre. Ce qui arrive

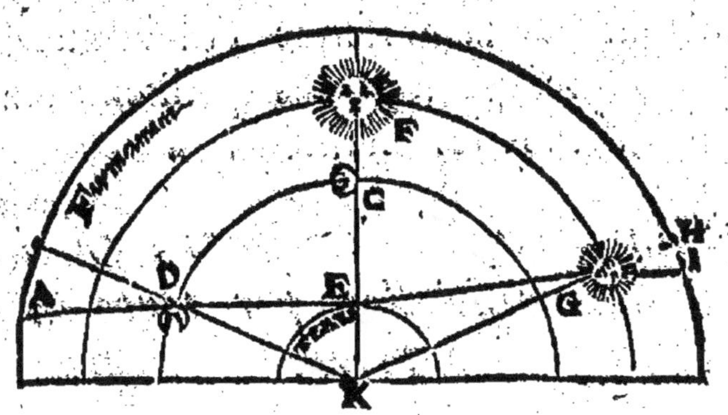

feulement aux Planetes inferieures, dautant que le diametre de la Terre a quelque quantité notable à l'égard de leurs diftances , & non pas aux fuperieures & aux Eftoilles, à caufe qu'elles font trop éloignées. Au refte on obfervera que plus les Planetes font prés de l'Horizon, plus leur parallaxe eft grand, & qu'il n'y en a aucun quand la Planete eft verticale, parce que les lignes qui partent de la furface & du centre de la Terre, finiffent enfemble & montrent étant prolongées un mê- me lieu au Ciel.

Du lever & du coucher du Soleil.

C'Eft un des Phœnomenes plus manifeftes, que le lever & le coucher du Soleil, à caufe de la clarté &

de la chaleur qu'il traîne avec foy, chaffant par fa prefence l'obfcurité de la froidure, qui font des qualitez effentielles à tous les Elemens. *a*

De la diverfité des jours, & des nuits artificielles par toute la Terre.

POur bien confiderer cecy, il faut fçavoir que le Soleil tous les jours naturels, fait un tour, étant emporté par le mouvement du premier Mobile, pendant qu'il parcourt en fon Ciel, environ l'efpace d'un degré, ce qui fait que ces tours, à caufe de l'obliquité de fon chemin, ne font pas des cercles entierement. Car il faudroit qu'il fût immobile, mais ils font comme des lignes fpirales, qui vont toûjours en croiffant ou en diminuant,

a Comme l'Eccentrique du Soleil eft oblique à l'égard de l'Equateur, il doit en des temps differents de l'année fe lever & fe coucher en differents points de l'Horizon, & avoir par confequent des differentes amplitudes Orientales & Occidentales dans tous les lieux de la Terre, excepté fous les les Poles du Monde, où le jour eft de fix mois, & la nuit d'autant.

selon qu'il s'approche ou qu'il s'éloigne de l'Equateur, & en fait environ
depuis un tropique jusqu'en l'autre 182
lesquels Cercles ou paralleles du Soleil, car ainsi ils sont nommez de quelques uns, sont cause de l'égalité ou
de l'inégalité des jours & des nuits.

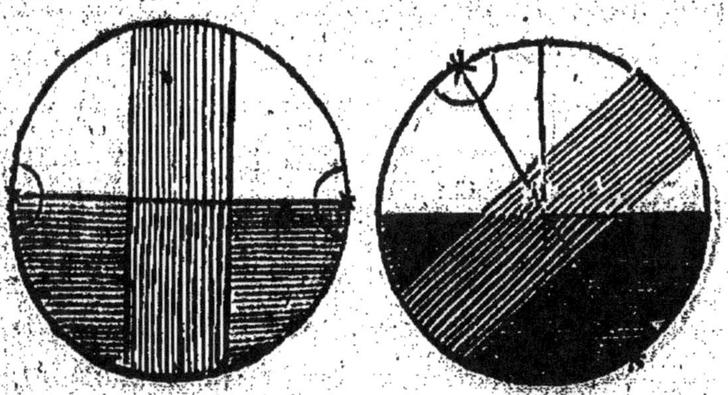

Car s'ils sont coupez en parties égales
par l'Horizon, les jours sont égaux
aux nuits : ce qui arrive seulement à
ceux qui sont sous l'Equateur, & qui
ont la Sphere droite. S'ils sont cou-

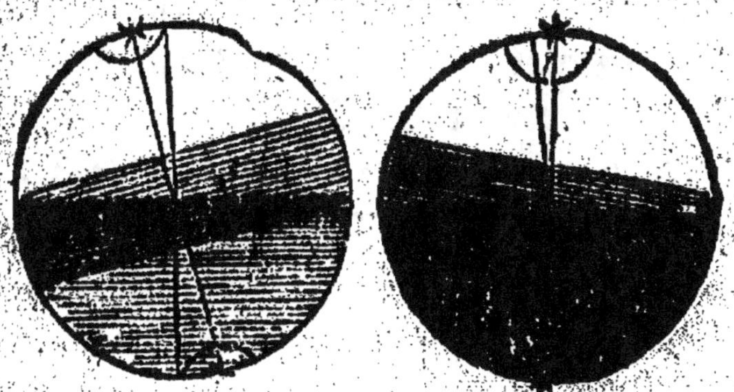

pez inégalement, les jours sont iné-

gaux & ce d'autant plus que l'inégalité sera grande, comme l'experimentent
ceux qui ont la Sphere oblique.　Et
s'il y a quelques unes de ces spires ou
paralleles du Soleil qui soient tous entiers sur l'Horizon , autant qu'il y en
aura , tout autant de jours le Soleil
sera sans se coucher , ainsi qu'ont é-

prouvé les Hollan-
dois en la Zone
froide.　Enfin ceux
qui habiteront
sous le Pole , au-
ront un jour arti-
ficiel de 182. jours,
parce qu'il y a 182.
paralleles du Soleil au dessus de l'Horizon.　La diversité & l'inégalité des
nuits est causée par les mêmes revolutions du Soleil : car selon la partie qui
en sera cachée sous l'Horizon, les nuits
seront petites ou grandes.　Et si le
Soleil fait sous l'Horizon vingt ou
trente revolutions , la nuit artificielle
sera d'autant de jours naturels.

De l'Ombre de la Terre & de la nuit.

LA terre & les hommes feroient en perpetuelle obfcurité, n'étoit le Soleil qui leur éclaire. On experimente cette verité, parce que quand il eft caché fous nôtre Horizon, la nuit & les tenebres nous environnent. Car la Terre étant un corps opaque, & n'étant pas poffible que le Soleil, bien qu'il la furpaffe de beaucoup en grandeur, puiffe éclairer tout l'air qui eft autour de la Terre, s'enfuit qu'il en laiffe une petite partie obfcurcie, que l'on appelle l'Ombre de la Terre, laquelle eft toûjours directement oppofée au Soleil, comme y ayant une contrarieté entre la lumiere & les tenebres. La figure de cette ombre eft conique, & s'étend environ à 268. demy diametres de la Terre, & finit aux environs de la Sphere de Venus.

Du Crepuscule.

LE *Crepuscule est une lumiere qui paroist sur nôtre Horizon, avant que le Soleil se leve, & aprés qu'il est caché:* Ainsi dit de *Creperus, qui signifie douteux, comme nous tenans en doute & suspens, s'il est jour ou nuit.*

Le Crepuscule se fait donc au matin & au soir; celuy qui se fait au matin, s'appelle l'Aurore ou point du jour & commence à paroître quand le Soleil est à 18. degrez prés de l'Horizon, & finit quand il se leve: & le Crepuscule qui se fait au soir, on l'appelle vêpre, ou l'entrechien & loup, & commençant au Soleil couché, finit quand il est abbaissé de 18. degrez au dessous de l'Horizon. *a*

a Il est évident que les Crepuscules les plus courts, c'est à dire de plus petite durée, se font dans la Sphere droite. Que ceux qui se font dans la Sphere oblique, sont plus grands, & d'autant plus grands que la Sphere sera plus oblique: de sorte que les plus grands de tous se font dans la Sphere parallele.

Des

Des Eclipses.

LEs Phænomenes qui incitent le plus les hommes à l'admiration, sont les Eclipses du Soleil & de la Lune.

De l'Eclipse du Soleil.

L'Eclipse du Soleil est une privation des rayons du Soleil à l'égard de nous, par l'interposition de la Lune entre le Soleil & nôtre veuë.

Où il faut noter premierement que la Lune étant un corps opaque, & se trouvant entre le Soleil & nous, nous prive de la lumiere du Soleil, ce qui ne se fait jamais qu'en la nouvelle Lune; sçavoir quand le Soleil, la Lune & nous, sommes en une même ligne droite. Secondement, que les Eclipses du Soleil sont particulieres, c'est à dire

R

que le Soleil en même temps n'est pas obscurcy par tout. Troisiémement, que le Soleil commence à s'éclipser du costé de l'Occident, & finit vers l'Orient, à cause que la Lune va plus viste d'Occident en Orient, que le Soleil.

De l'Eclipse de la Lune.

L'Eclipse de la Lune est une privation de la lumiere du Soleil au corps de la Lune, par l'interposition diametrale de la Terre entre ces deux Planétes.

Où il faut noter premierement, que la Lune n'ayant point de lumiere que celle qu'elle reçoit du Soleil, si la Terre qui est un corps opaque se trouve entr'elle & le Soleil, elle la prive necessairement de sa lumiere ordinaire. Ce qui ne se fait toutefois qu'en la pleine Lune, quand elle se rencontre sous l'Ecliptique ou fort

proche. Secondement, que les Eclipſes
de Lune ſont toutes univerſelles, c'eſt
à dire que tous ceux qui peuvent voir
la Lune la voyent éclipſée. Troiſiéme-
ment, que la Lune commence à s'éclip-
ſer du coſté du Levant, & finit vers le
Couchant, parce que la Lune va plus
viſte que ne fait l'ombre de la Terre,
dans laquelle elle perd ſa lumiere, qui
va ſeulement à raiſon du mouvement du
Soleil.

Qu'il n'eſt pas neceſſaire que tous les mois il y ait Eclipſe.

C'Eſt bien une choſe aſſeurée, que
ſi la Lune alloit toûjours ſous l'E-
cliptique comme fait le Soleil, tous
les mois il ſe feroit deux Eclipſes, l'une
du Soleil, & l'autre de la Lune. Mais
dautant que ces Phœnomenes cauſent
de grandes mutations en la region
Elementaire : pour cette cauſe Dieu a
donné un cours à la Lune qui va ſeulement entrecoupant en deux endroits,
celuy que fait le Soleil : D'où vient
que tous les mois il n'y a pas d'Eclipſe, parce que ſouvent au temps de la
conjonction ou de l'oppoſition, la Lu-

ne est éloignée du chemin solaire, mais si par rencontre elle se trouve sous l'Ecliptique en ces points d'inter-section ou fort proche, alors il peut arriver quelque Eclipse.

De la différence entre les Eclipses du Soleil & de la Lune.

1. **L**ES *Eclipses de la Lune se font quand la Lune est pleine , celle du Soleil quand elle est nouvelle.*

L'Eclipse du Soleil en la Passion de Jesus-Christ , fut donc contre l'ordre de la nature, car elle se fit en pleine Lune.

2. *En l'Eclipse de la Lune , la terre oste la lumiere à la Lune : En celle du Soleil , la Lune comme pour avoir sa revanche , oste la lumiere à la terre.*

Autrefois ceux d'Athenes brûloient tous vifs ceux qui avoient cette crean-ce & les nommoient Meteoroleschis.

3. *La Lune éclipse vrayement le So-leil en apparence.*

Car en effet le Soleil ne laisse pas de luire , encore que nous le voyons obscurcy : mais la Lune n'ayant de soy aucune lumiere manifeste, elle est dite

éclipſée quand le Soleil n'éclaire pas
ſur elle.

4. *La Lune eſt éclipſée de même
quantité par tout, mais le Soleil l'eſt
en de certains endroits plus, en d'autres moins, & en d'autres point.*

Ce qui ſe peut facilement entendre
par la figure de l'Eclipſe du Soleil qui
eſt icy miſe.

5. *L'Eclipſe de la Lune ſe fait en
même inſtant, celle du Soleil en divers
temps, & paroiſt premierement aux
Occidentaux, puis aux Orientaux.*

La Lune allant plus viſte, ſelon ſon
cours naturel d'Occident en Orient,
que ne fait le Soleil, ceux qui ſont
plus Occidentaux voyent pluſtoſt l'E-
clipſe du Soleil que ceux qui ſont plus
vers l'Orient.

*D'où vient que les Eclipſes de la
Lune ſont d'inégale durée, bien
que le Soleil ſoit en même diſtance de la Terre.*

Voicy un Phœnomene qui met
un cours Eccentrique à la Lune,
pour lequel bien concevoir, il faut entendre premierement que la Lune perd

fa lumiere, quand elle entre dans l'ombre de la terre. Secondement que le Soleil étant plus grand que la terre, comme il a esté dit, il faut que son ombre finisse en cone (qui est une figure solide en forme de cornet) large vers la terre, & s'appointissant en son éloignement. Si donc la Lune au temps de l'Eclipse est proche de nous, elle passe au travers d'une ombre plus épaisse, & par consequent y demeure plus long-temps que quand elle est éloignée de la terre, & qu'elle traverse par l'extremité du cone. Voyez la Figure pour une plus facile intelligence.

De ce que dessus il est aisé à connoître, pourquoy il n'y a quelquefois qu'une petite partie de la Lune qui perd sa lumiere ; sçavoir, celle qui se trouve en passant dans l'obscurité de cette ombre. *a*

a Les Astronomes divisent le diametre de la Lune en douze parties égales, qu'ils appellent *Doits Ecliptiques*, pour déterminer la grandeur d'une Eclipse de Lune, en disant que la Lune a esté éclipsée, ou qu'elle sera éclipsée de 6. doits, de 8. doits, &c.

Les Astronomes divisent aussi l'Eclipse de Lune en trois especes ; sçavoir en partiale, en totale sans demeure, & en totale avec demeure.

L'Eclipſe de Lune partiale, eſt quand la Lune n'eſt obſcurcie qu'en partie, ce qui arrive quand ſa latitude eſt au milieu de l'Eclipſe moindre que la ſomme des deux demy diametres de la Lune & de l'ombre de la Terre.

L'Eclipſe totale ſans demeure, eſt quand tout le corps de la Lune eſt obſcurcy ſans demeurer en l'ombre, ce qui arrive quand ſon demy diametre eſt preciſément égal à la ſomme de ſa latitude & du demy diametre de l'ombre de la Terre.

L'Eclipſe totale avec demeure, eſt quand toute la Lune eſt obſcurcie, & qu'elle demeure quelque temps en l'ombre, ce qui arrive quand ſon demy diametre eſt moindre que la ſomme de ſa latitude & du demy diametre de l'ombre de la Terre.

Il s'enſuit que la Terre eſt plus petite que le Soleil, & plus grande que la Lune, & que par conſequent jamais la Lune ne peut cacher entierement le Soleil, que ſi elle nous le cache quelquefois tout entier, ce n'eſt ſeulement qu'à nous, & que pour un tres-petit eſpace de temps.

Des diverſes faces de la Lune.

LEs faces de la Lune, ſont les diverſes figures qui apparoiſſent tous les mois à la Lune.

Pour dire vray, le cours de la Lune & tant de diverſes formes qu'elle nous repreſente, ſont des ſpectacles de la

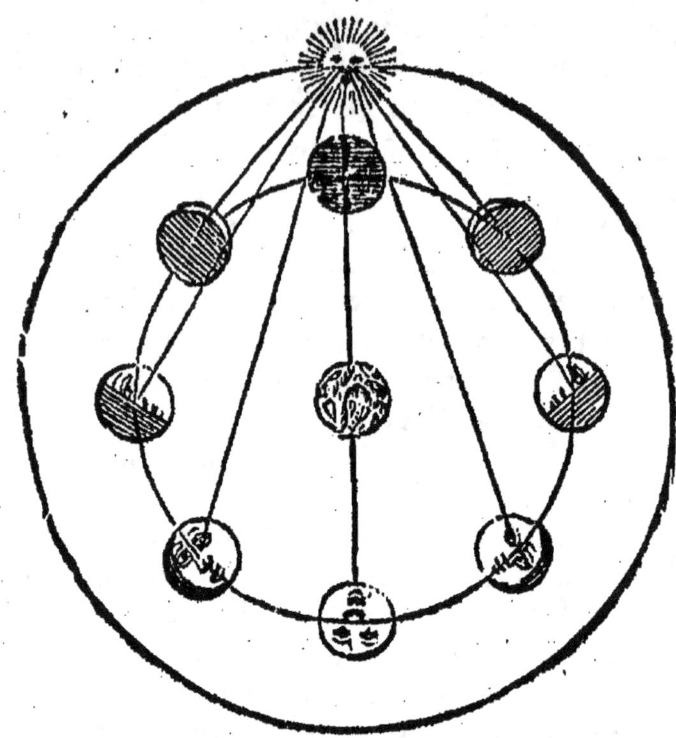

nature fi pleins d'admiration, que non
feulement Endymion (que les Poëtes
ont feint qu'il en eftoit amoureux)
mais tous les hommes la devroient
contempler; c'eft à dire, obferver fon
mouvement, tant à caufe des infignes
mutations qu'elle produit en l'air &
aux corps des hommes, qu'à caufe du
flux & du reflux des Mers, que cet
Aftre conduit, & des innondations qui
s'en enfuivent. On obfervera donc
premierement, que toûjours la moitié
de la Lune eft éclairée du Soleil; fça-

voir, celle qui luy est opposée, encore que nous n'en voyons qu'une partie, petite ou grande, selon qu'elle nous represente sa face obliquement ou à plein. Secondement, que la Lune croist & décroist : Elle croist quand elle paroist au soir, & a ses cornes tournées vers le Soleil levant : Et quand elle décroist, elle paroist au matin, & a ses cornes tournées vers le Couchant. Troisiémement, quand la Lune suit le Soleil, elle croist ; quand elle marche devant, elle décroist. Enfin la pleine Lune luit tout le long de la nuit, la nouvelle luit au commencement de la nuit, & la vieille luit pendant le jour. *a*

a Les faces de Mercure & de Venus s'expliquent presque de la même façon que celles de la Lune. La difference qu'il y a est que quand ces Planetes sont pleines, le Soleil est entr'elles & nous, au lieu que quand la Lune est pleine, nous sommes entr'elle & le Soleil.

D'où il suit que l'Hypothese de Ptolomée que l'Auteur suit dans ce Livre, est absolument fausse, puisque Mercure & Venus se rencontrent quand elles sont pleines au dessus du Soleil, ce qui fait qu'en regardant Venus avec des lunetes, elle nous paroît plus petite étant pleine, que quand elle est

en son croissant parce qu'alors elle est plus
éloignée de nous.

Des Refractions.

C'Est un principe d'Optique, que
la veuë qui se fait par ligne droite, à la rencontre d'un milieu plus
dense, fait une refraction vers la perpendiculaire. Ce qui est manifeste par
cette experience. Mettez un vaisseau
contre terre qui soit vuide, dans lequel
aprés y avoir mis un double, ou autre chose notable, reculez petit à petit
jusqu'à ce que le bord du vaisseau C,

vous en empêche la veuë. Ce qui
estant fait sans partir du lieu où vous

éstes , commandez à quelqu'un qu'il
emplisse le vaisseau d'eau claire, & a-
lors vous verrez de rechef l'objet que
vous ne pouviez plus voir. Ce qui arrive à cause que les rayons de l'œil,
qui vont droit jusqu'à l'eau, se rabais-
sent & se rompent sur la surface de
l'eau , comme estant un milieu plus
dense, & plus épais que l'air. De même les vapeurs qui sont sur terre, sont
souvent si grosses, que differant sensiblement de l'air qui nous environne,
quand on considere les Astres vers l'Horizon, sont cause que les rayons qui
partent de nôtre veuë pour les voir,
s'abbaissent à leur rencontre : d'où s'ensuivent les apparences suivantes. Ainsi
ce double qui estoit veu en sa place ,
l'œil estant en B, lorsque le vase estoit
vuide, sera véu en A, par le rayon de
refraction A, C, qui va droit à l'œil
qui a changé de place, lorsque le même vase sera remply d'eau.

Premiere apparence.

LEs Planetes & les Estoilles paroissent plus élevées sur l'Horizon que
veritablement elles ne sont.

C'eſt pourquoy pour avoir juſtement la hauteur du Soleil & des Eſtoilles, aprés les avoir obſervées avec un inſtrument, il en faut oſter la refraction qui eſt convenable à cette hauteur, car les plus grandes ſont vers l'Horizon.

Seconde apparence.

LEs Planetes & les Eſtoilles paroiſſent ſe lever pluſtoſt, & ſe coucher plus tard, qu'au vray elles ne font.

Car ſi les rayons viſuels s'abbaiſſent vers la perpendiculaire, à la rencontre des vapeurs & des nuages, on les peut voir ſelon le principe d'Optique que nous avons icy mis, avant qu'elles ſe levent, & aprés qu'elles sont couchées.

Troisiéme apparence.

IL se peut faire eclipse, le Soleil &
la Lune paroissant sur l'Horizon.
Pline dit l'avoir autrefois observé:
Et depuis peu l'an 1590. une eclipse de
Lune parut à Tubinge, à ce qu'écrit
Mestlin, le Soleil & la Lune estant sur
l'Horizon, le septiéme Juillet. Ce qui
toutefois seroit impossible, si vrayement
les Planetes estoient au lieu où ils
se voyent. Mais les refractions sont
cause de ces Phœnomenes, qui peuvent
quelquefois estre si grandes, selon la
qualité des vapeurs qui sont sur la terre,
qu'elles feront paroître le Soleil & la
Lune levez, encore qu'ils soient ab-
baissez de quelques degrez au dessous
de nostre hemisphere. Pour preuve de
quoy est l'experience des Hollandois,
qui asseurent qu'estans en la nouvelle
Zemble, où le Pole est élevé de 78.
degrez, aprés avoir sejourné quelques
mois en ces quartiers, pour attendre
la venuë du Soleil, l'apperçûrent enfin quatorze ou quinze jours avant qu'il
deust se lever, comme estant encore en-

viron cinq degrez au dessous de l'Horizon.

Quatriéme apparence.

LE Soleil paroist en l'Horizon en forme d'ovale.

Les refractions sont encore cause de cette apparence, parce que les vapeurs estant plus étenduës vers la surface de la terre, que vers la partie haute de l'air, les rayons qui partent de l'œil pour aller aux deux extremitez du Soleil, à droit & à gauche, font une refraction, qui le fait paroître de ces costez-là plus large, & par consequent luy donne cette figure ovale.

Cinquiéme apparence.

LA Lune paroît vers l'Horizon quelquefois de grandeur excessive.
Quand la Lune se leve & se couche, s'il y a quelques vapeurs étenduës sur la terre de toutes parts, elle paroist beaucoup plus grande qu'elle ne fait au milieu du Ciel, à cause que tous les rayons de l'œil, qui vont à sa circonference, font une refraction aupa-

tavant que d'y arriver, grande ou petite, felon que les vapeurs font rares
ou denfes. Ou bien cela fe fait, parce
que les vapeurs font comme un miroir
dans lefquelles s'imprime l'image de
cet Aftre, qui pour eftre plus proche
de nous que n'eft fon corps, nous femble
plus grande, parce qu'elle eft veuë fous
un plus grand angle.

Des Phænomenes extraordinaires.

SEulement en paffant, nous expliquerons diverfes opinions touchant
ces apparences, laiffant à chacun la liberté de croire ce qu'il voudra, comme
étant encore une matiere indecife.

Des Cometes.

ARiftote a crû, & aprés luy tous
ceux de fa fecte, que les Cometes eftoient un Meteore ignée, engen-
dré en la region de l'air, d'une matiere
feiche & graffe, attirée de la terre par
la chaleur du Soleil, en la fuperieure
region de l'air, laquelle eftant là, s'al-
lume par le voifinage qu'elle a du feu.
Les Aftronomes ne different gueres

d'avec Ariftote , touchant la matiere : mais pour le lieu ils ne font pas de fon avis.　Car comme ils ont obfervé que quelques Cometes eftoient au deffous de la Lune, auffi ils en ont trouvé plu_fieurs autres qui font bien au deffus d'elle : & quelquefois tellement éloi_gnez de la terre, qu'elles fe font trou_vées plus hautes que le Soleil.　Ce qu'ils affeurent principalement à caufe qu'il ne s'y eft trouvé en la plus gran_de part aucun parallaxe ou diverfité d'afpect , même quand elles eftoient proches de l'Horizon, où il a accoû_tumé d'eftre plus manifefte.　*a*

a Les Cometes ne paroiffent pas fouvent, & quand elles paroiffent, elles ne paroiffent pas long-temps, & de plus leur mouvement propre eft fort irregulier : ce qui fait que les Aftronomes n'ont pas encore jufques à prefent pû bien connoître ce mouvement, & qu'ils n'ont point pû determiner de temps pre_fix , ny un lieu certain, où ces Aftres com_mencent à paroître.　Les modernes ont re_marqué feulement qu'elles eftoient au deffus de Saturne.

Les Cometes paroiffent les unes rondes & les autres longues, & dans l'une & l'autre on diftingue deux parties, une qui eft affez éclatante & denfe, qu'on appelle fa tefte, & une autre qui eft blanchâtre & fort rare,

laquelle

laquelle eſt toûjours oppoſée au Soleil, & occupe ordinairement par ſon étenduë une grande partie du Ciel. On la nomme la queuë, la barbe, & la chevelure de la Comete.

Des Eſtoilles nouvelles.

POur montrer qu'il ſe fait quelque alteration aux Cieux, le Phœnomene plus évident ſont les Eſtoilles, qui depuis un ſiecle en ça, ont eſté veuës. L'an 1572. on vit une Eſtoille en la conſtellation de Caſſiopée, qui dura l'eſpace de 15. ou 16. mois, laquelle au commencement eſtoit ſi grande & ſi claire, qu'en éclat & en ſplendeur elle ſurpaſſoit la Planete de Venus, & ſi élevée, qu'elle a toûjours eſté eſtimée eſtre au deſſus de Saturne, comme n'y ayant jamais eſté trouvé aucun parallaxe. Elle ſurpaſſoit la ſolidité de la terre, quand on commença à l'appercevoir de 360. fois, & diminuant peu à peu, enfin s'évanoüit. Il y en a encore une de preſent au Cygne, joignant celle qui eſt en ſa poitrine, qui ne ſe montra qu'en l'année 1600. laquelle eſt plus groſſe que toute la terre d'onze fois. Et quelques quatre

S

ans aprés vers la fin d'Octobre, on en
vit encore une autre au Sagittaire, qui
ne cedoit en rien à la grandeur de celle
de Cassiopée, mais elle dura fort peu
de temps.   Ceux qui ne peuvent pas
se persuader qu'il se fasse aucune mu-
tation en la region étherée, disent que
ces Estoilles sont de tout temps au Ciel,
mais qu'en s'abbaissant elles se font paroître, & en s'éloignant aprés se per-
dent de veuë.   Raison qui n'a pas lieu
en celle de 1572. car elle commença à
se voir en sa plus grande beauté &
splendeur, ny en celle-la aussi, que
plusieurs de ce temps ont veu au Sagittaire. *a*

a L'Estoille qui avoit commencé à paroître dans la poitrine du Cigne en l'année
1600. cessa de paroître en 1626. & 33. ans
aprés, sçavoir en 1659. elle recommença à
paroître au même lieu, où Kepler l'avoit
premierement observée.   Mais en 1660. elle
diminua si sensiblement pendant deux ans,
qu'elle disparut entierement, & elle a demeuré
ainsi pendant cinq ans sans paroître, aprés
quoy en 1667. elle a de nouueau commencé
à se montrer, mais beaucoup plus petite, &
a demeuré ainsi jusqu'à present.
On en a remarqué une au col de la Baleine, & une autre dans la ceinture d'Andromede, lesquelles ont paru & disparu de

même plusieurs fois. On comptoit autrefois
sept Pléïades & à préfent on n'en compte plus
que fix. Une Eftoille dans la petite Ourfe ,
& une autre dans Andromede ont difparu.
En 1664. on en a découvert deux nouvelles
dans l'Eridan , & préfentement on en remarque quatre vers le Pole , dont les Aftronomes ne font point de mention.

Mr. Caffiny dit qu'il y a des Eftoilles fixes , lefquelles à la fimple veuë ne font pas
differentes des autres , mais par la Lunette fe
trouvent compofées de deux Eftoilles à peu
prés égalles & éloignées l'une de l'autre d'un
de leurs diametres. Telle eft la premiere
d'Aries , & celle qui eft dans la tefte du pré-
cedent des Gemeaux. Qu'il y en a d'autres , qui font triples & quadruples , comme
quelques-unes des Pléïades , & la moyenne
de l'épée d'Orion.

Des Planettes & des Eftoilles nou-
vellement découvertes.

TOus les fiecles paffez jufqu'à celuy d'à préfent , on n'a jamais obfervé que fept Eftoilles errantes ; qu'ils
ont nommez Planetes : mais avec l'aide
des lunettes Hollandoifes , on en a bien
veu d'autres du depuis. Galileus a
obfervé le premier les quatre Satellites
de Jupiter , qui font leur circuit au
tour de cette Planete en treize ou qua-

torze jours qu'il a furnommées Eſtoilles de Medicis. Aprés luy quelques Aſtronomes en ont obſervé encore deux autres és environs de Saturne. Et depuis peu on a reconnu qu'il y a trente corps opaques, qui ont des periodes circulaires au tour du Soleil ſi irreguliers, qu'en l'eſpace de quinze jours qu'ils mettent à le faire, ils changent de figure, de nombre & de grandeur. Entre leſquels il y en a quelques uns de la groſſeur de la Lune, d'autres qui egalent la terre : on les a appellez les Eſtoilles de Bourbon. Touchant le nombre des Eſtoilles fixes, bien que la veuë ordinaire n'en ait guere obſervé davantage que mille vingt-deux, neanmoins on en obſerve maintenant un bien plus grand nombre avec ce canal de perſpective. Car par exemple, au lieu que l'on ne pouvoit diſcerner que 6. Pleïades avec les yeux, par le moyen de cet inſtrument, il s'en compte maintenant 27. Davantage, les Eſtoilles qu'autrefois on appelloit nebuleuſes, ne ſont pas une ſeule Eſtoille, comme on a toûjours cru : Mais une quantité de petits feux, qui ſont l'un prés de l'autre. Et enfin cette Galaxie qui paroiſt à la veuë ordinaire, comme une bande blanchâtre, comprend une si grande multitude d'Etoilles, qu'il est impossible de les nombrer : Et il se peut faire que les premiers Peres ayent eu la veuë assez bonne pour les discerner. Et quand Dieu promit à Abraham de multiplier sa semence comme les Estoilles, il en pouvoit admirer le nombre en levant les yeux aux Ciel : mais que depuis une longue suite de siecles, les sens de l'homme se sont tellement diminuez avec la viellesse du monde, que l'on ne pouvoit bien concevoir la verité de cette promesse, que par cette admirable invention de lunettes, qui depuis peu d'années a esté mise en usage. *a*

a Nous avons déja dit ailleurs qu'alentour de Saturne on a observé cinq Planetes, dont les periodes ont esté parfaitement bien reglez par Mr. Cassiny. Ce qui est tres-avantageux pour l'invention des longitudes des lieux de la terre, par l'observation frequente, seure & facile, que deux Astronomes situez en deux lieux differens de la terre, peuvent faire de l'heure & du moment auquel quelqu'une de ces Planetes a commencé à sortir de l'ombre de Saturne, pour sçavoir par là la difference des heures, & par consequent la difference des Meridiens & la longitude des deux mêmes lieux de la Terre.

Les Satellites de Jupiter peuvent servir pour la même fin. Ce qui a fait que le Roy de France a envoyé des Academiciens, & d'autres personnes exercées dans l'Astronomie en differens endroits de la terre, pour y faire des observations, & determiner exactement leurs longitudes, ce qui se peut faire d'autant plus facilement que ces Satellites font des Eclipses chaque jour, les revolutions les plus proches n'étant qu'environ un jour, comme vous verrez dans la Table de leurs Periodes, que vous trouverez dans le Systeme de Copernic, qui suivra immediatement celuy-cy, qui est de Ptolomée.

Des differents Systemes du Monde.

Comme les Astres & les Planetes nous paroissent chaque jour venir d'Orient en Occident, il faut necessairement pour rendre raison de cette apparence, supposer ou que la Terre étant immobile au centre de l'Univers, les Cieux tournent autour d'elle, & emportent avec eux les Astres que nous voyons se lever & se coucher : ou bien que la Terre tourne elle-même sur son aissieu d'Occident en Orient, ce qui nous fait croire que les Cieux tournent d'Orient en Occident. La premiere opinion est celle de Ptolomée, laquelle a esté assez amplement expliquée dans

le traité precedent, sans qu'il soit besoin d'en parler davantage. La seconde est celle de Copernic, laquelle a
plus de vray - semblance, parce qu'elle
est plus simple & plus naturelle. C'est
pourquoy nous en dirons icy quelque
chose.

Du Systeme de Copernic.

Copernic rebuté du grand nombre
de suppositions que fait Prolomée
& de tant de Cercles & d'Epicycles.

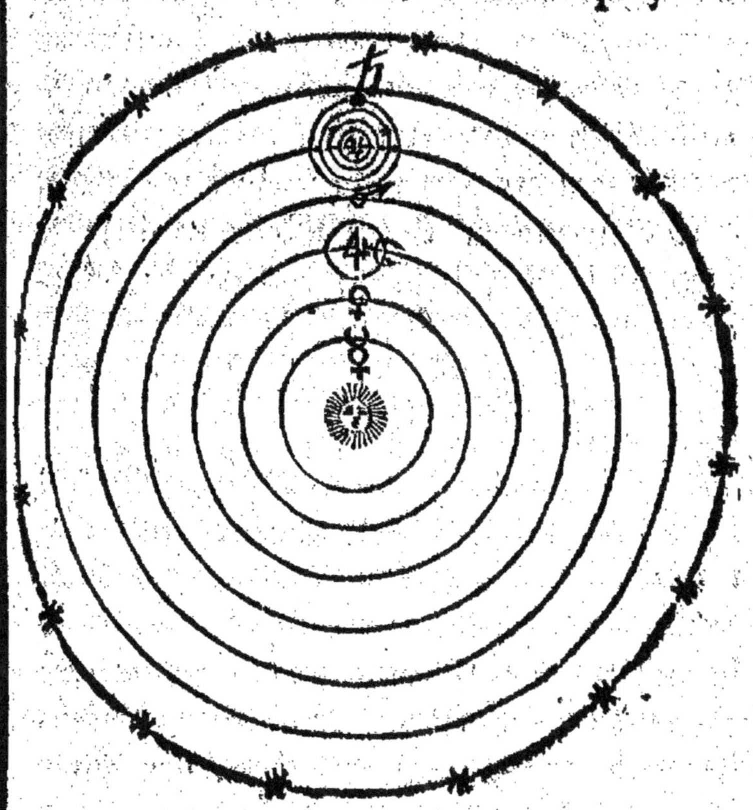

qu'il est obligé de feindre dans son Systeme pour rendre raison des apparences
Celestes, a renouvellé depuis environ
200. ans une hypothese toute contraire
à celle de Ptolomée, sçavoir en supposant que le Soleil est au centre du
Monde, & que la Terre tournant en
24. heures alentour de son propre aissieu, décrit en une année un Cercle
autour du Soleil; & par là il a expliqué les Phœnomenes avec bien moins
de suppositions que Ptolomée, & beaucoup mieux que ceux qui l'ont precedé, bien qu'il ne soit pas le premier
inventeur de son Systeme, estant certain
que Pythagore, Archimede & plusieurs
autres grands personages de l'antiquité,
ont crû que la Terre estoit mobile &
le Soleil immobile au centre du Monde; mais ce Systeme n'a pas toûjours
esté expliqué & défendu de la même
maniere.

Toutes les Planetes, aussi bien que
la Terre qui peut passer pour une Planete selon ce Systeme, tournent non
seulement autour de leur centre, mais
aussi autour du Soleil par des mouvemens differents qui leur sont particu-
liers, excepté la Lune qui par son mouvement

vement particulier tourne autour de la
Terre dans l'espace d'environ 27. jours
& demy.

La Planete de Mercure , qui est la
plus proche du Soleil , fait son cours
autour du Soleil en trois mois, Venus
en sept mois & demy, la Terre en un
an, comme nous avons déja dit, Mars
en deux ans, Jupiter en douze, & Saturne qui est le plus éloigné du Soleil,
en trente.

Ce mouvement se fait par des cercles qui ne sont pas Concentriques au
Soleil , & qui coupent l'Ecliptique en
des points differents, excepté la Terre,
dont le centre ne quitte jamais l'Ecliptique, & dont l'axe est incliné sur le
plan de l'Ecliptique d'environ 23. degrez & demy. Ce qui fait que cet axe
demeurant à peu prés incliné de la même façon, se meut avec la Terre toûjours parallelement à luy-même , &
c'est ce qui a fait donner à ce second
mouvement le nom de *parallelisme*, qui
sert pour rendre raison de la vicissitude des Saisons , & de l'inégalité des
jours , comme le premier qui se fait
d'Occident en Orient dans l'espace de
24. heures, sert pour expliquer le mou-

T

vement journalier ou diurne, qui nous
paroiſt d'Orient en Occident.

Mais pour expliquer le mouvement
propre des Eſtoilles fixes auſquelles
Copernic ne donne aucun mouvement
& leſquelles il ſuppoſe éloignées de la
Terre autant que l'on voudra, ſçavoir
autant qu'il ſera neceſſaire pour répondre aux difficultez que l'on peut pro-
poſer ſur ſon Syſteme ; étant libre de
nous figurer la diſtance qui eſt entre la
Terre & les Eſtoilles, auſſi grande qu'il
nous plaira, à cauſe qu'elles n'ont point
de parallaxe qui nous puiſſe déterminer
cette diſtance : l'Auteur donne à la Terre un troiſiéme mouvement tres-lent,
par lequel ſon axe fait un cercle autour de luy-même, d'Orient en Occident en pluſieurs milliers d'années.

Les quatre petits Cercles que l'on
void dans la figure décrits à l'entour
de Jupiter, repreſentent les mouvemens
de ces 4. Satellites, que Galilée appelle
les Aſtres de Medicis, & qui avec Jupiter font une circonvolution entiere
autour du Soleil dans l'eſpace de douze
ans : mais chacun en ſon particulier fait
une circonvolution autour de Jupiter
en des temps differents, comme vous

verrez dans la Table suivante, qui est de Monsieur Cassiny, à qui on se doit plus fier qu'à tout autre.

Bien qu'alentour de Saturne il n'y ait que deux cercles pour deux Satellites, il en faut neanmoins imaginer cinq pour autant de Satellites qui tournent alentour de Saturne en des temps aussi differents, comme vous voyez dans la Table suivante, qui a esté publiée par Monsieur Cassiny en l'année 1686.

Revolution des Satellites de Jupiter & de Saturne.

	J.	H.	M.
Le 1 Satellite de Jupiter en	1.	18.	29.
Le 1. Satellite de Saturne	1.	21.	19.
Le 2. Satellite de Saturne	2.	17.	43.
Le 2. Satellite de Jupiter	3.	13.	19.
Le 3. Satellite de Saturne	4.	12.	27.
Le 3. Satellite de Jupiter	7.	4.	0.
Le 4. Satellite de Saturne	15.	23.	15.
Le 4. Satellite de Jupiter	16.	18.	5.
Le 5. Satellite de Saturne	79.	22.	0.

Il est aisé de concevoir que par ce Systeme on ne change pas l'ordre ny la difpofition des cercles que nous nous fommes imaginez fur la Terre dans le Syfteme de Prolomée : car en fuppofant qu'en 24 heures la Terre fait une revolution entiere fur fon aiffieu, il eft de neceffité que tous les points de fa furface, excepté les deux extremitez de l'aiffieu, lefquelles font immobiles, décrivent des Cercles paralleles entr'eux, qui font les mêmes que les Cercles diurnes ou de latitude terreftre, dont le plus grand eft l'Equateur terreftre qui répond à l'Equateur apparent du Ciel, parce que ces deux Cercles font fenfiblement dans un même plan, en quelque lieu que foit la Terre, pour la raifon que nous apporterons, aprés avoir dit que

Les deux extremitez de l'aiffieu de la Terre, lefquelles ne décrivent point de Cercles, font les deux Poles de la Terre qui répondent en ligne droite, avec l'aiffieu aux Poles apparens du Monde, lefquels nous paroiffent toûjours fenfiblement en des mêmes points, bien que la Terre change de place dans fon Eccentrique par fon mouvement de parallelifme, qui devroit faire changer l'élevation du Pole fur l'Horizon, s'il n'étoit que ce Pole est dans une distance énorme de la Terre, & que le cercle que la Terre décrit en un an sous l'Ecliptique, n'est qu'un point à l'égard de cette distance qui se termine au Firmament où sont les Estoilles fixes, que nous pouvons, comme il a déja été dit, concevoir autant éloignées de la Terre qu'il nous plaira, puisqu'aucune raison ne nous peut obliger à la reconnoître moindre.

D'où il suit que les cercles que l'on fait passer par les Poles de la Terre, & par les points de son Equateur, qui sont les cercles de longitude, ou Meridiens terrestres, doivent répondre necessairement aux Meridiens Celestes, puisque ces cercles passent aussi par les Poles apparens du Monde, & par les points de l'Equateur Celeste, & qu'ainsi ces cercles de longitude celeste & terrestre sont toûjours dans des mêmes plans. Il en est de même de tous les autres cercles de la Sphere.

Bien que par cette hypothese on conçoive le Soleil immobile au centre de la Terre, neanmoins ses taches differentes qui y ont esté observées par plusieurs Astronomes, & principalement par Monsieur Cassiny, ont fait croire à ce grand homme, que le Soleil tourne sur son axe en 27. jours & un tiers à l'égard de la Terre, & en 25. jours à l'égard des Estoilles fixes. L'axe de la revolution est selon le même Auteur, incliné à l'Ecliptique de sept degrez & demy, & demeure toûjours pointé aux mêmes Estoilles fixes. Le Pole Austral du Soleil se rapporte au 8. degré de la Vierge, & le Pole Boreal au 8. degré des Poissons.

Monsieur Cassiny dit que ces taches se meuvent du bord Oriental du Soleil vers l'Occidental d'un mouvement lent, par lequel elles passent d'un bord à l'autre, environ en 13. jours. Que ce mouvement en apparence est inégal, sçavoir plus viste vers le centre, & plus tard vers la circonference : de sorte qu'en quatre jours proche du centre elles font autant de chemin, que dans le reste de neuf ou dix jours proche de la circonference. Qu'elles paroissent aussi ordinairement plus grandes & plus rondes proche du centre, que proche de la circonference, où elles se voyent toûjours longues & étroites. Enfin, qu'on les voit souvent retourner au

bord Oriental quatorze ou quinze jours
aprés qu'elles font forties du bord Occidental, & qu'on a fujet de fuppofer
que ce font les mêmes qui ont fait le
tour du Globe du Soleil, parce que
cette fuppofition s'accorde aux apparitions obfervées.

Il ne faut pas croire pour cela que
les taches du Soleil foient perpetuelles,
mais elles fe forment de nouveau, & fe
diffipent aprés quelque temps. Monfieur Caffiny dit qu'on n'en a jamais
veu une qui ait duré plus longtemps
que celle qui parut le mois de Novembre & de Decembre de 1676. & le mois
de Janvier de 1677. qui dura, à ce qu'il
dit, plus de 70 jours.

Le même Auteur dit que leur figure
eft irreguliere & changeante; & pour
preuve de cela il raconte qu'en l'année
1672. il en obferva une qui fe reduifit
à la figure d'un Scorpion, lequel en
peu de temps fe divifa en plufieurs petites taches, comme fi on luy avoit
coupé les bras & la queuë. Qu'elle
prit en fuite la figure de divers caracteres Latins & Hebraïques, fe transformant vifiblement d'une heure à autre. Qu'elle fut vifible pendant 36. ou

T iiij

37. jours, & qu'aprés elle se dissipa.

Du Systeme de Tycho-Brahé.

Tycho voyant qu'on ne devoit pas suivre le Systeme de Ptolomée dans la disposition des Planetes, & croyant qu'il estoit absurde de suivre l'Hypothese de Copernic dans le mouvement de la Terre, a introduit sur la

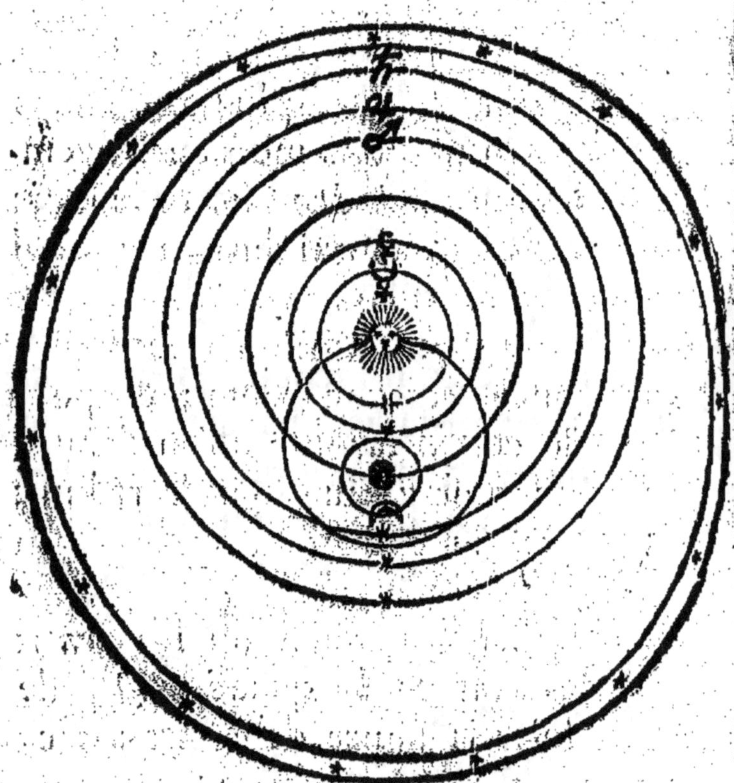

fin du siecle passé un troisiéme Systeme qui tient de l'un & de l'autre des deux

Syſtemes precedens, pour ſatisfaire ainſi à toutes les apparences des Aſtres. Il ne faut à celuy qui aura bien compris les Syſtemes de Ptolomée & de Copernic, que regarder la figure precedente pour comprendre ce troiſiéme Syſteme, c'eſt pourquoy nous l'expliquerons icy en peu de mots.

Le Syſteme de Tycho-brahé ſemble eſtre le Syſteme renverſé de Copernic, parce qu'il ſuppoſe comme Copernic, que Saturne, Jupiter, Mars, Venus & Mercure ſe meuvent autour du Soleil: & tout au contraire il veut comme Ptolomée, que la Terre ſoit immobile au centre du Monde, autour de laquelle le Firmament & les Eſtoilles fixes font leurs cours, n'y ayant qu'elles avec le Soleil & la Lune, qui ayent la Terre pour centre de leur mouvement.

On voit par la figure, que Mars, Jupiter & Saturne ſe meuvent autour du Soleil: en telle ſorte que la Terre ſe trouve enveloppée dans leurs cercles, ce qui n'arrive pas à l'égard de Venus & de Mercure, que Tycho fait paſſer entre la Terre & le Soleil, pour expliquer les differentes phaſes de ces deux Planetes, ce qui ne ſe peut pas faire par le Systeme de Ptolomée.

On voit aisément que cette opinion peut estre raisonnablement suivie, puis qu'elle n'a rien qui choque la Religion Chrestienne, étant tres conforme à l'Ecriture Sainte & au sens commun, & qu'elle satisfait assez bien aux Phœnomenes du Ciel, & principalement à ceux des stations & des retrogradations des Planetes sans aucuns Epicycles. En faisant voir de plus pourquoy Mercure & Venus paroissent s'éloigner si peu du Soleil, & Mars, Jupiter & Saturne, s'en éloigner en certain temps, de telle façon que la Terre se trouve entre deux & pourquoy ces Planetes passent alors tres-proches de la Terre.

Bien que le Systeme de Copernic semble contraire à la sainte Ecriture, on ne doit pas neanmoins le refuter, parce que soit qu'il soit veritable, ou non, on sçait bien que la sainte Ecriture s'accommodant à nôtre foiblesse s'explique souvent selon nos manieres de concevoir, & qu'ainsi l'Ecriture devoit plûtost dire pour marquer, par exemple, ce grand miracle de Josué, qu'il arrêta le Soleil, puis qu'effective-ment il semble se mouvoir, que de dire

que la Terre s'arrêta par son comman-
dement, pour ne pas surprendre le peu-
ple ignorant, qui n'a jamais ouy parler du mouvement de la Terre, & qui
auroit de la peine à se le persuader.

S'il n'y a aucune raison qui nous
puisse dissuader de l'opinion de Copernic, il n'y en a aussi aucune qui nous
la puisse persuader, si ce n'est sa grande
simplicité, parce que sans employer ny
premier Mobile, ny Cristallins, ny aucuns Epicycles ; on explique tres-faci-
lement par ce Systeme, les stations, les
directions &' les retrogradations des
Planetes, l'inégalité du mouvement du
Firmament , le changement de l'obliquité du Zodiaque , & generalement
toutes les apparences Celestes, jusques
là même que par ce Systeme on explique tres-simplement & tres-naturelle-
ment le flux & reflux de la Mer, la
nature de la pesanteur, & la vertu de
l'aymant, comme l'on peut voir dans
la Philosophie de Monsieur Descartes.

Nous avons déja dit que dans le
Systeme de Copernic , on est obligé
de supposer les Estoilles extrêmement
éloignées de la Terre, parce que l'on
ne trouve pas qu'elles varient de situa-

tion & de configuration apparente de l'Esté à l'Hyver, quoy que la Terre dans cette hypothese soît portée d'une extrêmité à l'autre du diametre de son Orbe. Mais pour sçavoir si ce diametre qui est double de la distance du Soleil à la Terre, est insensible à l'égard de la distance des fixes, nous rapporterons icy ce que Monsieur Cassiny dit sur ce sujet.

Par le moyen des grandes Lunetes arrêtées en quelque situation fixe aux endroits du Ciel par lequel passe des Estoilles fixes, qui sont plus propres à cette observation, on peut mieux verifier s'il y a quelque petite difference en des Saisons differentes de l'année.

A ce dessein dans la Fondation de l'Observatoire Royal, on a laissé une ouverture à toutes les voutes, par le moyen de laquelle on peut voir au fond des Caves les Estoilles verticales par des Lunetes fixes de 160. pieds de longueur, qu'on prepare à present que le Bâtiment de l'Observatoire est achevé.

Cependant les Astronomes Anglois ayant commencé à pratiquer une methode semblable, nous asseurent par un essay d'observation qu'ils ont fait avec

une grande subtilité, qu'ils y ont trouvé quelque difference, qui verifie que
la proportion du diametre de l'Orbe
annuel de la Terre à celuy des Estoilles fixes, n'est pas tout à fait insensible.
Ce qui pourtant n'est pas encore évident à nous, à cause des observations
que nous avons faites de la variation
de certaines fixes qui ne s'accordent pas
à cette hypothese ; car la variation n'est
pas vers l'endroit que l'hypothese demande. Ce qui étant bien verifié, quand
on trouveroit en quelques fixes une
variation conforme à l'hypothese, on
pourroit encore douter si cela n'est pas
arrivé par cette cause ou par une autre,
veu qu'il est constant qu'il y a des va-
riations dans les fixes, qui ne procedent
pas de celle-cy.

Mais quand on auroit trouvé par un
grand nombre d'observations, qu'un
nombre suffisant de fixes ont une variation conforme à l'hypothese, alors
on pourroit juger qu'elle a quelque
fondement, nonobstant quelque irregularité qu'on observe en partie contraire.

L'observation est extrêmement difficile & longue, puisque la periode de

la variation qu'on se propose d'examiner est d'une année, & demande que l'instrument soit inébranlable. C'est pourquoy elle ne se peut mieux faire que dans l'Observatoire Royal.

TRAITÉ
DE LA SPHERE
DU MONDE.
Livre IV.

Du Globe Terrestre.

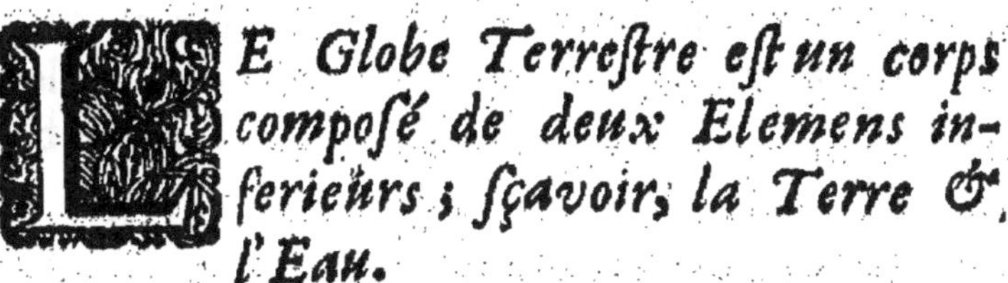

E Globe Terrestre est un corps composé de deux Elemens inferieurs ; sçavoir, la Terre & l'Eau.

C'a esté une erreur ancienne de croire que les Elemens étoient en raison decuple ; c'est à dire, que la Terre n'étoit que la dixiéme partie de l'Eau, l'Eau la dixiéme partie de l'Air, & l'Air la dixiéme partie du feu. Au contraire, la superficie de la Terre est presque égale à la superficie de l'Eau : Et la profondeur des Mers n'étant qu'à raison des montagnes d'où elles sont tirées, montrent assez qu'au contraire la quantité qu'il y a de terre excede de beaucoup la quantité des eaux. *a*

a Ainsi vous voyez que la terre ne se prend pas icy pour un Element simple, comme en Phisique, mais pour un Globe composé de terre & d'eau, lesquels unis ensemble font un corps spherique, que les Latins appellent *Orbis Terraqueus*, & les François *Globe Terrestre*, ou simplement & communément *la Terre* par une dénomination tirée de la plus noble & plus grande partie.

En supposant que la Terre est immobile au milieu du Monde, & qu'elle est bien peu de chose à l'égard du Ciel ; ce n'est pas sans raison qu'on nous la represente comme une petite boule au milieu de l'Univers, immobile & autour de laquelle le Ciel roule incessamment & regulierement. Ce n'est pas aussi sans fondement que l'on s'imagine sur le Globe Terrestre autant de points, de lignes & de cercles, que nous en avons marqué dans le Celeste, y ayant fort peu à considerer sur l'un que nous ne remarquions sur l'autre. Car si on s'imagine des lignes tirées du centre de la Terre par tous les points du Ciel, elles couperont en la même proportion la surface de la Terre, où tous les cercles s'y trouveront reduits en petit volume, sans que leur proportion en soit changée. Ainsi on y represente les deux Poles du Monde &

l'Equateur

l'Equateur avec les paralleles & les Meridiens,
&c. comme il sera dit plus en particulier,
aprés avoir parlé de la grandeur de la Terre.

De la mesure du Globe Terrestre.

IL sera plaisant & utile de mesurer
la grandeur de ce centre, afin que
plus on s'étonne de l'admirable struc-
ture de l'Univers, & de la vaste étenduë des Cieux, la methode de ce faire
est telle. Quelqu'un ayant trouvé quelle
est la latitude du lieu où il est, ou l'é-
levation du Pole, s'en va directement
vers le Midy ou vers le Septentrion,
jusqu'à ce qu'il apperçoive, aprés avoir
fait quelque notable chemin , que le
Pole soit haussé ou abbaissé d'un degré.

Ce qui estant arrivé, s'il mesure l'espace de ce chemin qu'il aura fait , il trouvera 30. lieuës Françoises, qui seront la 360. partie du circuit de la Terre. En multipliant donc 360. par 30. il trouvera que le tour de la Terre

V

contient 10800. lieuës. Ce qui estant connu, il sera aisé de trouver le diametre ou épaisseur de la Terre, par la regle d'Archimede, en disant si 22. de circonference donnent 7. de diametre, que donnera le contour de la Terre qui contient 10800. lieuës? Le quatriéme proportionnel donnera 3436. lieuës & quatre onziémes pour l'épaisseur requise. La moitié duquel nombre; sçavoir 1718. & quatre vingt-deuxiémes montrera combien il y a depuis la surface jusqu'au centre. Et si la curiosité porte quelqu'un à sçavoir quelle est l'étenduë de la surface de la Terre, & des eaux qui ne constituënt qu'un Globe; il faudra multiplier le tout, qui est 10800. par le diametre 3436. (rejetant la fraction comme de peu de consequence) le produit donnera ce nombre 37108800. Et autant de lieuës quarées contient la convexité de la Terre. Et enfin, si l'on desire sçavoir la solidité, il faudra multiplier la troisiéme partie de la convexité, sçavoir 12369600. par le demy diametre 1718. le produit donnera 21250972800. & autant de lieuës cubiques sera toute la solidité, qui n'est toutefois qu'un point à l'égard des

Cieux. Les Anciens qui avoient de coûtume de mesurer les grandes distances sur la terre par stades, ont aussi trouvé son contour par la même mesure : Et ils disent que le contour de la Terre (si on croit Theodose, Macrobe & Eratosthene) contient 252000. stades, donnant 700. stades à chaque degré que l'on fait de variation au Ciel. En quoy ils different quelque peu du calcul du renommé Geometre Dionysiodorus, qui en donne 733. Dans le sepulchre duquel on trouva une lettre qu'il écrivoit à ceux de ce Monde icy, par laquelle il les avertissoit qu'il étoit descendu de son sepulchre jusqu'au centre de la Terre, & qu'il avoit mesuré que l'espace contenoit 42000. stades ; ainsi le diametre de la Terre, selon son dire, étoit de 84000. & le contour de 264000. qui étant divisé par 360. donne environ 733. stades pour un degré de variation. *a*

a) Il a esté démontré ailleurs que la Terre n'est qu'un point à l'égard du Ciel : mais si on la considere par rapport avec le Ciel de la Lune, & qu'on la regarde de ce lieu-là, elle paroîtra bien plus grande que la Lune, puisque nous avons reconnu ailleurs que la

Terre est effectivement plus grosse que la
Lune. La Terre à l'égard de nous est encore bien plus grande, & les Mathematiciens ont apporté tous leurs soins pour en
connoître la grandeur avec le plus de justesse
qu'il leur a esté possible, parce que de cette
grandeur dépend entierement l'Astronomie,
qui suppose le diametre de la Terre connu,
lequel a esté trouvé par Monsieur Picard de
6538594. toises, à raison de 57060. toises
pour la valeur d'un degré d'un grand cercle
de la Terre, ce qui suffit pour connoître
le reste.

Des Cercles du Globe Terrestre.

LEs Cercles du Globe terrestre, sont
des Cercles qui sont directement
au dessous de ceux du dixiéme Ciel.
Les Geographes, à l'imitation des
Astronomes, ont divisé la surface de
leurs Globes par certains cercles, pour
pouvoir distinguer plus aisément les
Regions de la Terre: & les ont dispo-
sez de telle sorte, que les Célestes sont
directement au dessus des Terrestres.
Ainsi voyez-vous en nôtre Sphere, que
toûjours l'Equateur Celeste est au dessus de celuy de la Terre, & les deux
Tropiques Celestes au dessus des Terrestres; ainsi de tous les autres: pareil-

lement les Poles de la Terre droit au deſſous des Poles du Monde.

De l'Equateur.

L'Equateur Terreſtre eſt un grand cercle également diſtant des Poles de la Terre.

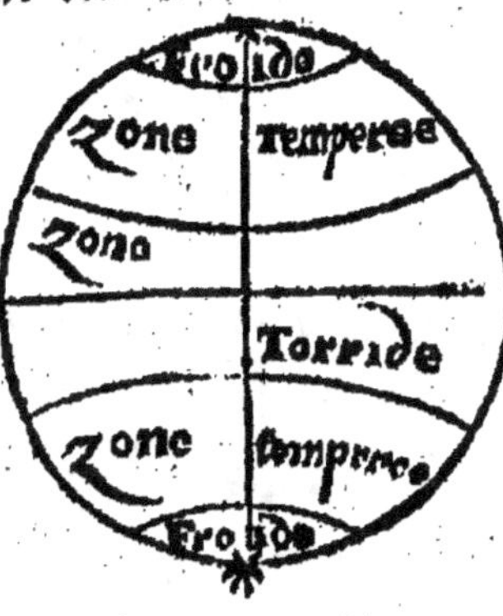

Quand les Mariniers ont paſſé ce cercle, ils croyent que toutes méchancetez leur ſont permiſes, ils l'appellent la Ligne équinoxiale, & abſolument la Ligne. *a*

a L'Equateur nous fait connoître, que tous ceux qui ſont deſſus, ont deux fois l'année le Soleil à leur Zenith, ſçavoir au temps des Equinoxes, & qu'ils ont en tout temps les jours égaux aux nuits, & conſequemment chacun de 12. heures. Il nous fait auſſi connoître les Païs de la Terre, qui n'ont aucune latitude, puiſque la latitude ſe compte depuis l'Equateur vers l'un & l'autre Pole, comme il a eſté dit ailleurs.

Du Meridien.

LE *Meridien terrestre d'un lieu est un grand cercle qui passe par les Poles de la Terre, & par dessus le lieu.*

En general tous les cercles qui passent par les Poles de la Terre, sont dits Meridiens terrestres, & les Geographes en imaginent tant qu'il leur plaist, dautant que chaque lieu a son Meridien. Toutefois de peur de confusion ils les éloignent de dix degrez en dix degrez ordinairement sur leurs Cartes & Globes ; & pour y conserver quelque ordre, ils constituënt pour le premier celuy qui passe par les Isles Fortunées, & de là vont en comptant vers l'Orient, jusqu'à ce qu'ils arrivent à leur premier Meridien. Où on observera que leurs Meridiens ne sont pris que pour demy cercles, qui se finissent aux Poles de la Terre. *a*

a Le premier Meridien a esté estably par les Anciens dans les Isles Fortunées, que quelques-uns prennent pour les Canaries, parce qu'ils ne connoissoient point de Terres plus Occidentales. Car leur intention a esté de déterminer les Longitudes des lieux de la Terre depuis l'Occident vers l'Orient, pour imiter en cela la Longitude des Estoilles & des Planetes, que l'on compte aussi d'Occident en Orient.

Le Roy de France a determiné le premier Meridien à l'Isle de Fer, par un Arrest du Conseil, donné en l'année 1634. Par les Meridiens on connoist que ceux qui sont sous le même Meridien, ou qui ont une même longitude, ont toûjours une même heure, & que par consequent l'un n'est pas plus Oriental que l'autre.

De l'Ecliptique.

L'Ecliptique terrestre est un grand cercle décrit sur le Globe, tant pour l'ornement, que pour sçavoir sous quel Signe Celeste est chaque Region, qui est comprise entre les Tropiques.

Nous ne faisons point mention icy de l'Horizon, ny des Colures, parce qu'ils ne sont point décrits sur le Globe terrestre. *a*

a Le Zodiaque aussi bien que l'Equateur, divise la Terre en deux parties égales, dont l'une est Septentrionale, & l'autre Meridionale, avec cette difference pourtant, que l'Equateur divise directement la Terre entre les Poles du Monde, & que le Zodiaque la partage de biais entre les mêmes Poles.

Des Cercles paralleles.

LEs Cercles paralleles principaux, sont quatre petits Cercles, les deux Tropiques, & les deux Polaires.

Les Geographes, outre ces quatre petits, en décrivent d'autres sur leurs Globes de dix degrez en dix degrez,

qui vont toûjours en s'appetissant vers les Poles de la Terre avec liberté toutefois d'en décrire tant qu'il plaira à un chacun. Le premier des cercles paralleles, est l'Equateur duquel ils commencent à se compter, tant du côté d'un Pole, que de l'autre. *a*

a Ces Cercles paralleles se tracent sur le Globe terrestre de dix en dix degrez seulement comme les Meridiens, pour éviter la confusion qui se rencontreroit s'ils estoient marquez de degré en degré. Ils servent pour connoître la latitude d'un lieu de la Terre, & c'est pour cela qu'on les nomme aussi cercles de latitude,

Des Tropiques terrestres.

LEs Tropiques terrestres, sont deux Cercles paralleles directement mis au deſſous des Celeſtes, auſquels quand le Soleil eſt, il fait le plus long ou le plus petit jour de l'année. Le plus long au Tropique de l'Ecreviſſe, le plus petit au Tropique du Capricorne.

Ces Cercles ſont en ſemblables diſtances entr'eux, que ceux qui ſont au premier Mobile, ce qui fait que ſi la Sphere eſt bien faite, bien que l'on la tourne, la Terre demeure toutefois immobile, & ces Cercles droit au deſſous des autres. *a*

Des Cercles Polaires.

LEs Cercles Polaires ſont deux cercles paralleles, directement mis au deſſous

a Les Cercles Tropiques ſont repreſentez dans les Cartes par une ligne double, pour les diſtinguer d'avec les Cercles de Latitude. Ils ſervent pour repreſenter tous les lieux de la Terre, qui peuvent avoir une fois pour le moins le Soleil perpendiculaire, & pour déterminer la largeur de la Zone torride.

X

*de ceux qui sont au Ciel , qui passent
par les Poles du Zodiaque.*

Cela se voit aisément en nôtre Sphere. Soit la Sphere élevée par le Meridien , jusqu'à ce que la circonference du Cercle Polaire soit sous le Zenith , alors vous verrez au petit Globe terrestre, le Polaire directement au dessous: en sorte que si quelqu'un est sur le cercle Polaire terrestre , il a au dessus de sa teste le Polaire celeste. Ils sont deux, le Polaire Arctique & Antarctique , comme au Ciel. *a*

a Ces deux Cercles sont aussi representez dans les Cartes par une double ligne, pour les distinguer plus facilement de autres paralleles. Ils servent pour representer tous les lieux de la Terre, où le jour n'est jamais moindre que de 24. heures , & pour determiner la largeur de chaque Zone froide, entre lesquelles & la Zone torride , sont les deux temperées , où les jours sont toûjours moindres que de 24. heures.

Nous ajoûtons aux Globes un Cercle Polaire immobile divisé en 24. heures, avec une aiguille au Pole, laquelle roule quand la Sphere tourne ; ce Cercle tient la place des Cercles horaires immobiles, faisant voir qu'à chaque heure 15. degrez de l'Equateur & de ses paralleles montent sur l'Horizon , & descendent au dessous.

Des Zones.

ZOne eſt un eſpace du Globe terreſtre, enclos entre deux petits Cercles, ou entre un petit Cercle & le Pole de la Terre.

Les quatre petits Cercles paralleles, ſçavoir, les deux Tropiques & les deux Polaires, que les Geographes repreſentent ſur leurs Globes terreſtres par des lignes doubles, diviſent la ſurface de la Terre en cinq eſpaces, qu'ils appellent Zones, qui vaut autant à dire que ceintures, parce que comme ceintures elles entourent la Terre. Parmenides a eſté le premier qui a diviſé la ſurface de la Terre en Zones. Il y en a toutefois qui veulent que les Zones ſoient priſes au Ciel & non à la Terre. Mais il n'importe pas en quel lieu on les prenne, dautant que la convexité de la terre eſtant concentrique à la concavité du Ciel, leurs ſurfaces ſont en ſemblable ſituation. En ſorte que les parties du Ciel répondent exactement aux parties de la terre, même les cercles aux cercles, & les points aux points.

Du nombre des Zones.

LEs Zones sont au nombre de cinq; une torride, deux temperées, & deux froides.

Polibe toutefois en a mis six; deux torrides, deux temperées, & deux froides.

De la Zone torride.

LA Zone torride est un espace du Globe terrestre, enclos entre les deux Tropiques terrestres, qui contient 1410. lieuës Françoises de largeur.

C'a esté une erreur du temps passé, de croire que la Zone torride estoit inhabitable, à cause de l'extrême chaleur que l'on imaginoit y estre. Ce que Pline a entendu, quand il a dit qu'il n'y avoit des hommes au Zodiaque, prenant pour Zodiaque l'espace de la terre, qui est compris entre les Tropiques terrestres : ce mot torride qui signifie rotie, les sollicitoit à cette croyance. Mais l'experience témoigne le contraire. Car en Quito & en la Plaine du

Peru, la Zone torride est temperée, même il y a des regions dans cette Zone, où pendant que le Soleil est vertical, il fait extrêmement froid. Ce qu'Acosta attribuë autrefois aux terres hautes. Aussi se chauffe-t'on sous l'Equinoxial, le Soleil estant au Belier: Il est bien vray qu'elle est extrêmement chaude en Ethiopie, au Bresil & aux Molucques. Geminus n'a pas ignoré que cette contrée estoit abondante en toutes choses: Ce qu'il avoit appris par la Relation de ceux que le Roy d'Alexandrie y avoit envoyez: comme aussi Polybe l'Historien, qui a fait particulierement un Livre de ceux qui habitent sous l'Equateur. Et quelques Theologiens ont crû, que le Paradis de volupté estoit en ces lieux-là: Et Lira dit, que le Cherubin qui tenoit le glaive flamboyant, n'estoit autre chose que les chaleurs excessives qui se trouvent sous les Tropiques. Car en effet, s'il y a lieu au monde incommodé de la chaleur, c'est à l'entrée de cette Zone, & non sous l'Equateur, comme il sera dit cy-aprés. a

a Cette Zone est appellée torride, parce qu'étant directement sous le lieu, par où le

Soleil paſſe en faiſant ſon cours, elle eſt battuë à plomb des rayons du Soleil, qui y produit une chaleur ſi exceſſive par ſa preſence continuelle, que les Anciens l'avoient cruë inhabitable : Mais la connoiſſance que nous en ont donné les grands voyages & les navigations ordinaires aprés la découverte des Indes Orientales & Occidentales, nous ont empêché de tomber dans l'erreur des Anciens, & nous ont prouvé que ces lieux là eſtoient fort peuplez, & que la chaleur y eſtoit fort temperée en divers endroits, à cauſe des vents, des pluyes, des montagnes, de l'égalité des jours, où les longues nuits ont le temps de rafraîchir l'air par les grandes roſées que le Soleil attire puiſſamment, & par l'abſence du Soleil. On ne peut plus douter par exemple, de la fertilité du Perou, de la belle & grande Iſle de Sumatra, & de pluſieurs autres lieux de la même Zone, dont nous avons de fideles Relations.

Des Zones temperées.

LEs deux Zones temperées ſont les eſpaces du Globe terreſtre, enclos entre les Tropiques & les Polaires terreſtres, qui contiennent chacun 1290. lieuës Françoiſes de largeur.

Il y a donc deux Zones temperées, l'une qui eſt compriſe entre le Tropique de l'Ecreviſſe & le Cercle Arctique, qui eſt celle que nous habitons, que l'on

appelle temperée Septentrionale : l'autre qui est comprise entre le Tropique
du Capricorne & le Cercle Antarctique,
qui est dite temperée Meridionale. Ces
Zones sont ainsi nommées, à cause que
la chaleur du Soleil y est moderée,
tant pour ceux qui y habitent, que
pour toutes les autres choses qui y
croissent. *a*

Des Zones froides.

LEs deux Zones froides sont les espaces du Globe terrestre, enclos entre les Polaires & les Poles Terrestres, qui contiennent en largeur 705.
lieuës Françoises.

a Comme les Zones temperées sont plus
favorablement regardées du Soleil, & que
sa chaleur y est temperée, elles sont beaucoup plus fertiles & plus agreables, & ainsi
mieux peuplées, & plus abondantes en toutes choses que toutes les autres. Neanmoins
leurs extremitez participent beaucoup de
l'excez du froid & du chaud, & il n'y a
que le milieu, comme l'endroit de la France
qui soit tout à fait temperé, les autres parties estant trop froides ou trop chaudes, à
proportion qu'elles s'approchent des extremitez des autres Zones.

On ne peut pas parler si pertinem-
ment des Zones froides comme des
autres, dautant que l'on n'est entré encore qu'au commencement de celle qui
est au Septentrion; par laquelle entrée,
on peut connoître toutefois que c'est
un lieu tres-mal propre pour la demeure, à cause des glaces, des froids ex-
cessifs & des nuits de plusieurs mois,
en quelque saison de l'année. On croit
que les Anciens en avoient eu quelque
connoissance, parce que Pytheas Mas-
siliote, en son Livre de l'Ocean, dit
que les Barbares luy montroient les
lieux où la nuit estoit fort courte, comme de deux ou trois heures; d'autres
ausquelles le Soleil estant couché en
Esté, un instant aprés il se levoit. Ce
qui n'est pas neanmoins un indice certain, qu'il soit entré en la Zone froide, mais bien qu'il en a approché,
comme en l'Isle Thyle ou Island, où
quelques-uns disent qu'il sejourna quelque temps ; auquel lieu, dautant que
le Tropique d'Esté est tout entier sur
la terre, ces Phœnomenes de la longueur des jours & des nuits, s'y peuvent observer. *a*

  a Les anciens Geographes & les anciens

Historiens ont crû pareillement ces Zones inhabitées & inhabitables, pour estre privées de la chaleur du Soleil, qui ne les regarde que de travers , & si obliquement qu'ils avoient peine à croire, qu'il leur pût envoyer sa chaleur vivifiante, tant pour les faire vivre, que pour rendre fertile leur terre. Neanmoins les dernieres navigations, & les fideles relations nous asseurent par experience, que la Providence divine n'a laissé aucune partie du Monde tout à fait sterile & inhabitable. Il ne faut que voir une partie de la Norvegue, de la Suede & de la Moscovie, où l'on va tous les jours , qui sont au delà des Cercles Polaires, & neanmoins elles sont habitées par des peuples qui se nomment les Lapons : l'Islande & la Groenlande , même la nouvelle Zemble qui s'étendent jusques sous le Pole Arctique, se sont trouvées peuplées d'hommes & d'animaux.

Des proprietez des Zones.

C'Est une consideration plaisante, de sçavoir quel est le temperamment de l'air, les commoditez ou les incommoditez des lieux, les Phœnomenes qui arrivent par toute la terre, selon le cours du Ciel , sans y aller voir. Ce qui se pourra toutefois connoistre par le discours qui suit.

Des proprietez & des accidens qui arrivent à ceux qui habitent en la Zone torride sous l'Equateur.

CEux qui habitent sous l'Equateur ont la Sphere droite, car l'un & l'autre Pole du Monde sont en l'Horison; d'où s'ensuivent ces apparences.

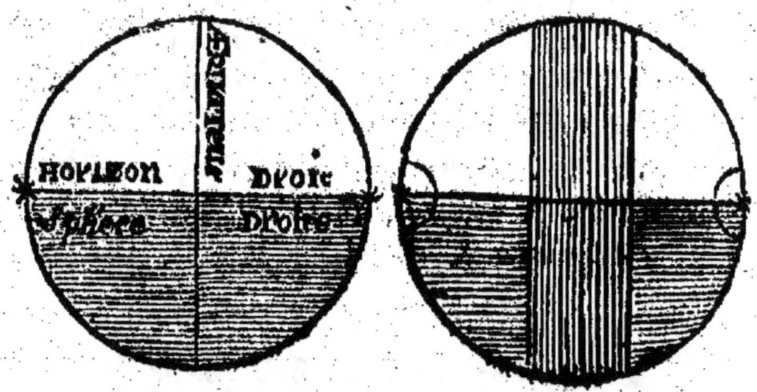

1. En cette demeure, toutes les Etoilles du Ciel se levent & se couchent, & ainsi il est tres-facile de les y observer.

2. Toutes les Etoilles qui se levent en même instant, arrivent aussi en même instant sous le Meridien, & en même instant se couchent.

3. Ils ont un perpetuel equinoxe; c'est à dire, les jours leur sont toûjours

égaux aux nuits, parce que l'Horison coupe tous les paralleles, ou tours que fait le Soleil en parties égales.

4. Le Soleil leur est deux fois l'an vertical; sçavoir au commencement du Belier, & de la Balance.

5. Ils ont deux Solstices également distans de leur Zénith, sçavoir, de 23. degrez & demy.

6. Ce qui fait que si la proximité ou l'éloignement du Soleil, est cause par tout le monde de la varieté des Saisons de l'année : ils ont deux Estez quand le Soleil approché de l'Equinoxial : & deux Hyvers, quand il s'abbaisse vers les Tropiques.

7. En cette contrée, les heures égales & inégales, sont toûjours semblables; ce qui n'arrive aux autres lieux, que deux fois l'an; sçavoir aux Equinoxes.

8. Ils ont cinq ombres toutes differentes : Orientale, quand le Soleil se couche : Occidentale, quand il se leve: Septentrionale, quand il est aux Signes Austraux : Meridionale, quand il est aux Septentrionaux : & une ombre perpendiculaire à Midy, quand il est en l'Equateur deux fois l'an.

9. Touchant la qualité de l'air, il y est fort temperé, pour plusieurs raisons. La premiere, à cause que le Soleil est autant de temps sous terre que sur terre : d'où vient que l'air estant refroidy par la nuit l'espace de 12. heures, il ne cede pas si tost à la chaleur du Soleil. Puis il y a plusieurs exhalaisons qui sortent de terre au lever & au coucher du Soleil, qui se resoudent en pluye, quand il est élevé, ou pour le moins rendent le Ciel plein de nuées. Davantage la plûpart des rayons du Soleil tombent sur les eaux, qui font une reverberation fort foible à cause de leur mouvement inconstant. A quoy si on y ajoûte les vents continuels qui viennent d'Orient, que les Mariniers appellent brises, on ne doit pas s'étonner si toutes ces causes courantes, l'air n'y est pas si chaud comme on a crû. Mais outre tout cela, il faut considerer encore que le Soleil allant plus vîte au milieu du Monde, n'échauffe pas tant que quand il va plus lentement, comme sous les Tropiques. Et que s'il leur est vertical deux fois l'an, dés le le lendemain aussi fait-il une grande dedeclinaison, s'éloignant de vingt-qua-

re minutes de leur Zenith. *a*

Des proprietez & des accidens qui arrivent à ceux qui habitent en la Zone torride, entre l'Equateur & les Tropiques.

CEux qui habitent entre l'Equateur & les Tropiques, ont la Sphere oblique. Car un des Poles leur est élevé, l'autre abbaissé: d'où s'ensuivent ces apparences.

1. En cette position de la Sphere, il y a des Etoilles, qui ne se couchent jamais, & d'autres qui ne se levent point.

2. Icy commence à paroître l'inégalité des jours & des nuits, à cause que

a Les Crepuscules sont autant courts, qu'ils peuvent estre au milieu de la Zone torride, parce que le Soleil y descend perpendiculairement sous l'Horison, & qu'ainsi il arrive bien-tost au 18. degré, ou Almucantarath, où se fait la fin du Crepuscule du soir, & le commencement du Crepuscule du matin.

les tours ou paralleles du Soleil, font coupez par l'Horizon en parties iné-gales.

3. Le Soleil deux fois l'an leur eſt vertical, comme fous l'Equateur, mais non pas aux mêmes degrez du Zodiaque.

4. Ils ont auſſi deux Solſtices, l'un haut, l'autre bas, inégalement diſtans de leur Zenith.

5. Ce qui fait que ſi la proximité ou éloignement du Soleil, cauſe par tout le monde les diverſes Saiſons de l'an. Ils ont deux Eſtez, quand le Soleil approche de leur teſte : & deux Hyvers, quand il deſcend vers les Tro-

piques. Toutefois, dautant qu'il y en a un, qui eſt moins éloigné que l'autre, il eſt manifeſte que les Hyvers feront de divers temperamens. Et ſi le lieu eſt bien prés d'un Tropique, il n'y aura aucun Hyver, quand le Soleil s'en approchera.

6. Ils ont cinq ombres, comme fous l'Equateur : Orientale, Occidentale,

Meridionale, Septentrionale, & une perpendiculaire à Midy, deux fois l'an.

7. Il y a icy une chose digne de remarque, qui est que quand le Soleil est plus éloigné de l'Equateur, que n'est le point vertical ou Zenith : les ombres des arbres, des maisons, & des autres corps, s'avancent & reculent, devant & aprés Midy, sans miracle toutefois, à cause que le cours du Soleil coupe alors un même Azimuth en deux endroits, devant & aprés Midy. On pourroit faire la même observation icy, mais sur un plan incliné ; car sur un qui seroit parallele à l'Horizon, cela n'arrivera jamais.

8. Touchant la temperature de l'air, c'est une chose manifeste, que les raisons alleguées cy-devant, pour prouver que l'air est temperé sous l'Equateur, ne peuvent avoir tant de lieu icy : & ainsi il est necessaire qu'en Esté les chaleurs y soient incommodes, & plus grandes : Et que semblablement l'Hyver soit plus froid, quand le Soleil est au Tropique, qui leur est plus éloigné.

Des proprietez & des accidens qui arrivent à ceux qui habitent à la fin de la Zone torride, ou au commencement de celles qui sont temperées.

CEux qui habitent à la fin de la Zone torride, ou au commence-ment de celles qui sont temperées, ont

leur point vertical sous les Tropiques, & la Sphere incli-née de 23. degrez & demy : d'où s'en-suivent ces Phœno-menes.

1. En cette po-sition du Monde, toutes les Etoilles qui comprennent les Cercles Polaires, sont de perpetuelle apparition, ou oc-cultation.

2. Les jours & les nuits sont plus inégales en cette demeure, qu'en la precedente.

3. Le Soleil une fois leur est verti-cal, quand il est au Tropique qui est sur leur teste.

4. Ils

4. Ils ont deux Solstices, l'un vertical, & l'autre éloigné de leur Zenith de 47. degrez.

5. Ce qui fait que si la proximité ou l'éloignement du Soleil, fait les quatre Saisons de l'an : ils auront un Esté tres-chaud, quand il sera au tropique qui est sur leur teste : & un Hyver assez froid, quand il sera à l'autre qui est éloigné d'eux.

6. Ils ont seulement quatre ombres: Orientale, Occidentale, une vers leur Pole, & une perpendiculaire seulement une fois l'an.

7. Pour la temperature de l'air, il n'y a contrée qui merite mieux estre dite torride, que celle qui est és environs des tropiques, parce que toutes les causes de chaleur se trouvent en cet endroit. Premierement, le Soleil leur est vertical, aussi bien qu'en aucun lieu de la Zone torride. Secondement, ce qui accroist extrêmement la chaleur, c'est que la declinaison du Soleil s'augmente ou se diminuë de si peu és environs des tropiques, que l'on peut dire qu'il est sensiblement quarante jours & plus à courir toûjours par dessus leurs testes, quand il

Y

est vers le Solstice d'Esté. Davantage,
le Soleil demeure plus long-temps en
Esté sur l'Horison, & moins sous terre, qu'il ne fait entre les Tropiques.
outre qu'il va plus lentement que sous
l'Equateur, comme s'étant éloigné de
vingt-trois degrez , & plus du milieu
du Monde, où le mouvement des Cieux
est plus rapide. Et puis il y a une bien
plus grande étenduë de terre sous les
Tropiques, qui fait que les rayons du
Soleil se reflechissent avec plus de violence, que quand ils tombent sur les
eaux.

*Des proprietez & des accidens qui
arrivent à ceux qui habitent aux
Zones temperées, entre les Tropiques & les Cercles Polaires.*

CEux qui habitent aux Zones temperées, entre les Tropiques & les
Polaires , ont la Sphere encore plus
oblique, qu'en la precedente position.
Et ainsi le Pole plus élevé que 23. degrez & demy , mais moins aussi que
66. & demy, d'où s'ensuivent ces apparences.

1. Il y plusieurs Etoilles, plus ou

moins , selon l'obliquité de la Sphere,
ou élevation du Pole , qui sont toûjours
sur l'Horison sans se coucher , & d'autres qui sont toûjours au dessous sans
se lever.

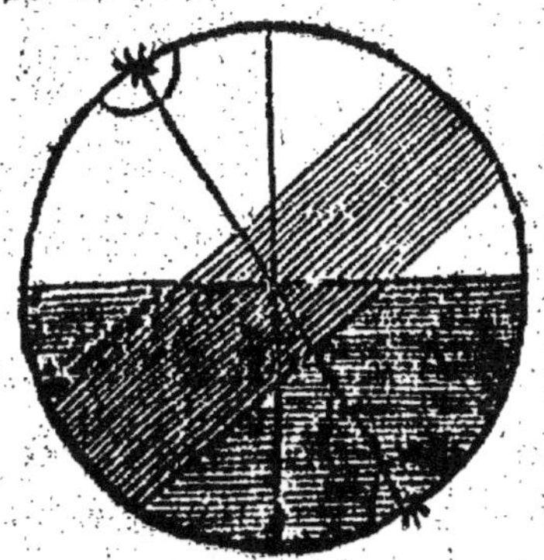

2. L'inégalité
des jours & des
nuits s'augmente ,
d'autant plus qu'ils
ont le Pole élevé ,
de sorte qu'il y a
des nuits qui ne
sont qu'un crepus-
cule en plusieurs endroits des Zones
temperées.

3. Le Soleil ne leur est jamais vertical , mais il s'approche de leur Zenith,
plus ou moins , selon qu'ils ont la
Sphere oblique.

4. Ils ne laissent pourtant d'avoir
deux Solstices , l'un proche , l'autre
éloigné , de même partie du Monde.

5. D'où vient que le Soleil faisant les
Saisons par son approchement ou éloignement : ils ont un Esté & un Hyver
quand le Soleil est aux tropiques.

6. Ils ont seulement trois ombres,
Orientale , Occidentale , & une vers
leur Pole.

7. Pour la temperature de l'air, elle est diverſe, à cauſe de l'étenduë de la Zone qui contient depuis un des ᴛropiques juſqu'aux Polaires 1410. lieuës Françoiſes. Ceux donc qui ſeront plus proches des ᴛropiques, auront un Eſté plus ardent : Ceux qui approcheront des Polaires, un Hyver plus long.

Des proprietez & des accidens qui arrivent à ceux qui habitent à la fin des Zones temperées, ou au commencement de celles qui ſont froides.

Ceux qui habitent à la fin des Zones temperées ou au commencement de celles qui ſont froides, ont le Pole élevé de 66. degrez & demy, & leur Zenith dans le cercle Polaire ; d'où s'enſuivent ces apparences.

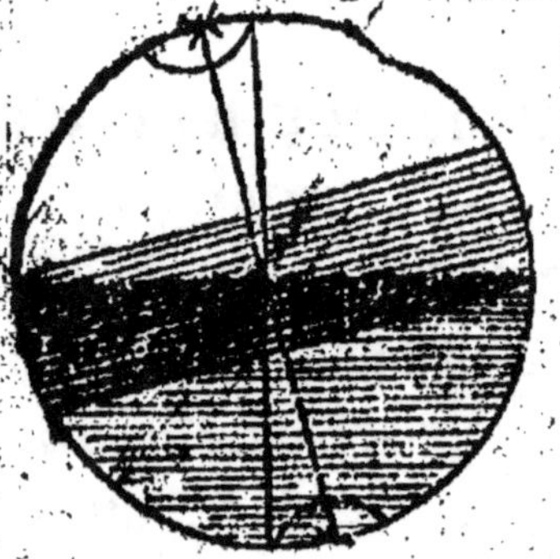

1. Il y a encore une plus grande quantité d'Eſtoilles, qu'en toutes les autres poſitions precedentes, qui ſont

de perpetuelle apparition & occultation. Car toutes celles qui font enclo-
fes dans leur Tropique d'Efté, ne fe
couchent jamais, bien qu'elles foient
fur l'Horifon : & toutes celles qui font
enfermées dans le Tropique d'Hyver,
jamais ne fe levent.

2. Il y a une fi grande inégalité de
jours & de nuits, que le plus grand
jour d'Efté eft de 24. heures, & la
plus grande nuit d'Hyver, de 24. heures auffi, à caufe que le Tropique d'Efté
eft entierement fur l'Horifon, & le
Tropique d'Hyver caché au deffous.

3. Ils n'ont jamais le Soleil vertical;
mais au contraire, il en eft fi éloigné,
qu'il ne s'approche jamais d'eux plus
prés que de 4½. degrez.

4. Ils ne laiffent pourtant pas d'a-
voir deux Solftices, l'un au Tropique
d'Efté, & l'autre au Tropique d'Hyver,
diftant de 90. degrez de leur Zenith.
Ce Tropique ne paroift jamais, &
touche feulement l'Horifon en un
point.

5. L'éloignement du Soleil de leur
point vertical, eft caufe qu'il fait tou-
jours froid en ces Regions là.

6. Ils ont quatre fortes d'ombres,

Orientale, Occidentale, une vers le Pole, & une fois l'an une ombre circulaire tout à l'entour de l'Horison, quand le Soleil est à leur tropique d'Esté.

7. Le Soleil leur est toûjours du costé du Midy, excepté vers le tropique d'Esté, où il semble, quand il s'abbaisse, estre du costé du Pole.

8. C'est une remarque notable, qu'en cette obliquité de Sphere, en un instant il y a six Signes de l'Ecliptique, qui se levent, & six Signes qui se couchent tous les jours quand le Soleil est en l'Horison : d'où s'ensuit que quelquefois cinq ou six Planetes se couchent & se levent en un moment.

9. En cette habitation il y a un jour naturel de 24. heures, sans aucun crepuscule, ny aucune nuit, qui est le plus long jour d'Esté. Plusieurs jours avec crepuscule, sans aucune nuit (qui est quand le Soleil s'abbaisse sous l'Horison moins de 18. degrez) és environs du Solstice d'Esté. Plusieurs jours aussi avec crepuscule & nuit, quand il s'abbaisse aprés qu'il est couché, de quelques degrez davantage. Et enfin un jour naturel de 24. heures, composé de

crepuscule & de pure nuit , sans que l'on voye le Soleil : ce qui arrive au Solstice d'Hyver.

Des proprietez & des accidens qui arrivent à ceux qui habitent dans les Zones froides , entre les Cercles Polaires & les Poles.

CEux qui habitent entre les Cercles Polaires & les Poles du Monde, ont la Sphere tres oblique , le Pole élevé plus de 66. degrez & demy : d'où s'ensuivent ces apparences.

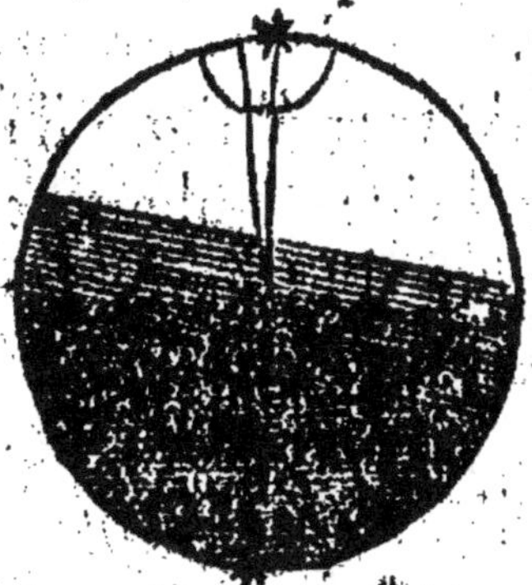

1. Il y a une tres-grande quantité d'etoilles , qui sont en ces lieux-là de perpetuelle apparition & occultation , & ce d'autant plus qu'ils approchent du Pole du Monde.

2. Une si grande inégalité de jours & de nuits , que le Soleil paroist sur l'Horison plusieurs jours , & quelquefois plusieurs mois (quand on approche des Poles) sans se coucher : Ce qui arrive à cause que l'Horison coupe

toûjours l'Ecliptique en deux points equidiſtans du Solſtice d'Eſté : entre leſquels s'il s'y trouve 20. ou 30. degrez, pendant que le Soleil courra par cette partie, il ſera 20. ou 30. jours à luire ſur l'Horiſon, ſans ſe coucher. Mais en contrechange auſſi, il arrivera pour les mêmes cauſes, que les nuits d'Hyver, égaleront ces longs jours d'Eſté, parce qu'il y aura une pareille portion de l'Ecliptique qui ne paroîtra point ſur l'Horiſon, où le Soleil étant il ne ſe levera point.

3. Ils ont le Soleil tres-éloigné de leur Zenith. Un Solſticé ſeulement manifeſte, ſçavoir celuy d'Eſté, & celuy d'Hyver eſt caché ſous l'Horiſon.

4. Ils ont comme les precedens habitans quatre ſortes d'ombres, Orientale, Occidentale, une vers le Pole qui leur eſt apparent, & pluſieurs circulaires; ſçavoir, autant de fois que le Soleil luit de jours ſans ſe coucher.

5. En cette demeure il y a pluſieurs revolutions Solaires, ſans crepuſcule ny nuit: Pluſieurs jours auſſi avec crepuſcule ſans nuit, pluſieurs avec crepuſcule & nuit: Et enfin pluſieurs jours compoſez de crepuſcule & de nuit:

Et

Et si on est proche du Pole, plusieurs nuits sans crepuscule ny jour.

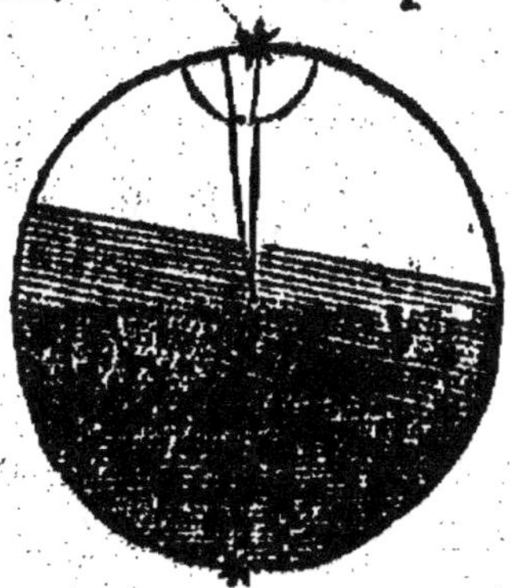

6. Il y a une chose à remarquer en cette disposition du Monde, que le Taureau se leve auparavant le Belier, le Belier avant les Poissons, les Poissons avant le Verse-eau, bien que les Signes qui leur sont opposez se levent selon leur ordre, mais aussi se couchent-ils contre l'ordinaire.

7. C'est pourquoy il peut arriver quelquefois que la Lune se leve devant le Soleil, & qu'elle se couche quelque temps aprés si elle est au Signe du Taureau, & que le Soleil soit au commencement des Poissons ou du Belier.

8. Pour la temperature de l'air, il y est tres-froid, à cause que le Soleil est tres-éloigné, & ne jette ses rayons que bien obliquement sur les terres, les vents du costé du Pole si ordinaires, que la nature semble leur avoir donné un Empire parmy le Ciel de ces quartiers-là. L'Hyver y est si ennuyant, qu'il les tyrannise par l'espace de six ou sept

Z

mois, & tient la surface de la Mer solide & asseurée, comme si on avoit à
se promener dessus : l'Esté si plein de
tenebres continuelles, qu'étant dissipées
environ les deux ou trois heures aprés
Midy, reprennent incontinent leur premiere obscurité. Les glaçons sont si
grands sur les Mers, que quand ils
commencent à se separer, l'on diroit
que se sont des Isles flotantes, qui s'en-
tre-heurtent pour se perdre l'une l'autre.

Des proprietez & des accidens qui arrivent à ceux qui habitent au milieu des Zones froides sous les Poles.

CEux qui habitent dans les Zones
froides, directement sous les Po-

les, ont la Sphere parallele : d'où s'ensuivent ces Phœnomenes.

1. Dautant que l'Horison & l'Equinoxial sont joints ensemble, toutes les parties du Ciel qui sont en l'Hemisphere superieur, paroissent toûjours sans se lever ny se coucher : Et celles qui sont en l'Hemisphere inferieur, sont toûjours sous la Terre , quoyque le Monde tourne.

2. L'Année y est comme un jour naturel, le Soleil étant six mois entiers sur la Terre , & six mois entiers au dessous; à cause de six Signes du Zodiaque, qui sont toûjours au dessus de l'Horison, & autant au dessous.

3. Pour la même raison, la Planete de Saturne y est quinze ans sans se coucher, Jupiter six, Mars un an, le Soleil, Venus & Mercure six mois, & la Lune quinze jours, où on notera que le lever & le coucher des Planetes se fait à l'Equinoxe.

4. Quand le Soleil est au Tropique, il est à sa plus haute elevation, sçavoir de 23. degrez & demy en toutes les parties de l'Horison.

5. Ce qui fait qu'ils n'ont aucun Orient ny aucun Occident, parce que le Soleil fait toutes ses revolutions

paralleles à l'Horison, & par consequent, ils n'ont qu'une ombre circulaire.

6. En cette disposition du Ciel il y
a environ 182. revolutions Solaires sans
nuit, ny sans crepuscule : plusieurs qui
n'ont ny jour ny nuit, mais un crepuscule continu. Et enfin plusieurs
aussi qui sont en perpetuelles tenebres
sans jour ny crepuscule.

7. Pour la temperature de l'air, il
ne peut qu'elle ne soit tres-incommo-
de, à cause des grands froids, des
glaces, des neiges, & des tenebres
continuelles.

Des Climats.

UN Climat est un espace du Globe
terrestre, compris entre deux Cercles paralleles à l'Equateur, entre lesquels il y a variation de demy heure
au plus long jour d'Esté.

Les Geographes ne se sont pas contentez de diviser la Terre en Zones,
pour la diverse temperature de l'air.
Mais ils l'ont divisée aussi, ayant égard
à la grandeur des jours artificiels, en
cette sorte. Par exemple, sur l'Equa-

teur, les jours ont perpetuellement
douze heures : mais si de là on va vers
les Poles, ils s'augmentent toûjours de
plus en plus, jusqu'à ce que l'on soit
parvenu au Pole où le jour y est de 6.
mois entiers. Ils ont donc enfermé un
certain espace de terre, entre deux Cercles paralleles à l'Equateur, qu'ils ont
nommé Climat : entre lesquels il y a
variation de demy heure : c'est-à-dire,
si sur le plus proche de l'Equateur, le
plus grand jour d'Esté est de 13. heures, il faut que sur l'autre il y ait 13.
heures & demie, pour finir cette espace de terre qu'ils nomment Climat,
qui est à dire inclination, parce que
la Sphere selon la diversité des Climats,
se panche & s'incline. Ce qui se com-
prendra plus aisément à l'explication
que j'ay faite de la Carte univer-
selle. *a*

a Les Climats servent à distinguer les
surfaces de la Terre par les differentes lon-
gueurs, ou brievetez des jours qui croissent
à proportion qu'on s'éloigne de l'Equateur
vers les Poles du Monde, chaque Climat est
comme une petite Zone, parce qu'il est ter-
miné par deux cercles paralleles entr'eux & à
l'Equateur. Cette Zone est partagée par un
autre cercle parallele qui fait deux demy-

Climats, lesquels varient les plus longs jours
d'un quart d'heure, comme il sera dit encore cy-aprés.

Du nombre des Climats selon les Anciens.

LEs Anciens ont fait sept Climats,
qu'ils ont nommez *Diameroé, Dia-
syenes, Dialexandrias, Diarhodou,
Diaromes, Diaborystenous, Diaripheon,*
à cause que le lieu de ces Climats passoit
par les lieux cy-dessus.

Celuy qui passoit par Meroé, qui
est une Isle du Nil, estoit selon les
Astrologues sous la domination de Saturne. Celuy qui passoit par Syene, qui
est une Ville d'Egypte, en la domination de Jupiter. Le Troisiéme, qui
passoit par Alexandrie, Ville d'Egypte,
appartenoit à Mars. Le quatriéme, par
l'Isle de Rhodes, au Soleil. Le cinquiéme, par Rome, à Venus. Le sixiéme, passant par l'embouchûre du
Fleuve Borystene, à Mercure. Le septiéme, traversant les Monts Riphées,
estoit donné à la Lune. a

a Les anciens Geographes n'ont étably
que sept Climats, parce qu'ils suffisent à

diftinguer toutes les Regions connuës en
leur temps, mais ils n'ont pas mis le premier
là où le jour eftoit de douze heures & demie, croyant que ce lieu eftoit inhabitable,
& ils l'ont commencé là où le jour eftoit
de treize heures, & où par conféquent doit
eftre le fecond; ce qui fait que le feptiéme
eft proprement le huitiéme, que le fixiéme
eft le feptiéme, & ainfi des autres.

Du nombre des Climats felon les Modernes.

LEs Modernes ont diftingué toute la
furface de la Terre, depuis l'Equateur jufqu'aux Poles en 30. Climats,
defquels les 24. premiers different entr'eux de demy heure, & les fix autres de trente jours.

Les Anciens, comme j'ay dit, con-
ftituoient fept Climats feulement, parce qu'ils eftimoient qu'il n'y avoit que
cette partie de la Terre qui fût habi-
table, laquelle ils divifoient en fept.
Ptolomée qui en a connu davantage,
en a fait neuf: & les Modernes, bien
que toute la Terre ne foit pas encore
découverte, ne laiffent pas de divifer
toute la furface, depuis l'Equateur jufqu'aux Poles en Climats, les uns d'une

façon, les autres d'une autre. La plus facile à retenir, est celle que nous a-vons donnée; sçavoir en trente, vingt-quatre desquels sont entre l'Equateur & les Cercles Polaires: les six autres dans les Zones froides. La pratique de cecy est démontrée à la douziéme proposition du cinquiéme Livre. *a*

a Vous prendrez garde que bien que les Climats aillent de demie heure en demie heure, ils ne sont pas neanmoins d'une largeur égale sur la Terre; mais ils sont plus larges à mesure qu'ils sont voisins de l'E-quateur, allant toûjours se diminuant à pro-portion qu'ils approchent des Poles.

Les Climats servent à faire connoître la longueur du plus grand jour d'un lieu de la Terre, laquelle grandeur on trouve en ajoû-tant 12. à la moitié du nombre du Climat, car ainsi on a le nombre des heures du plus grand jour. Ainsi sçachant que Paris est dans le huitiéme Climat, en ajoûtant 12. à 4. moitié de 8. on connoîtra qu'à Paris le plus grand jour est de 16. heures.

On peut par une operation contraire, trouver le Climat d'un lieu de la Terre, en connoissant son plus grand jour, sçavoir en ostant 12. du nombre des heures du plus grand jour, & en prenant le double du reste. Ainsi sçachant qu'à Paris le plus grand jour est de 16. heures, en ostant 12. de 16. il restera 4. dont le double 8. fait connoître que Paris est dans le 8. Climat.

Des Paralleles des jours.

UN Parallele de jours, est un espace du Globe terrestre, enclos entre deux Cercles Paralleles à l'Equateur, entre lesquels il y a variation d'un quart d'heure au plus long jour d'Esté.

On a accoûtumé de tout temps de diviser chaque Climat par la moitié, non pas ayant égard à la largeur du Climat, mais à l'espace de temps que contient le Climat, & on appelle cette moitié un Parallele de jours, qui toutefois est un espace de terre, compris entre deux Cercles Paralleles, entre lesquels il y a variation d'un quart d'heure ; c'est à dire, si sous le plus proche de l'Equateur, le plus grand jour est de 13. heures ; sous l'autre il y doit avoir 13. heures & un quart, afin que cet espace comprenne un Parallele de jours.

Du nombre des Paralleles des jours.

SElon les Anciens, il y en avoit quatorze, & selon les Modernes, il y en aura soixante.

Puisque chaque Climat contient deux Paralleles, il est necessaire que les Anciens en eussent quatorze, & que les Modernes qui en mettent trente, en ayent soixante : sçavoir quarante-huit qui vont de quart d'heure en quart d'heure, & douze qui vont de quinze en quinze jours. La douziéme proposition de l'usage de la Sphere, enseigne en quel Climat & en quel Parallele, selon les Anciens & les Modernes, chaque contrée est située.

De la division de la surface de la Terre, par la diverse consideration des ombres.

LE Soleil en diverses parties de la Terre, jette des ombres bien diverses, parce que les corps, d'où procedent les ombres, sont opposez au Soleil bien diversement en divers endroits de la Terre. Ce qui a esté cause que les Geographes ont observé les ombres que le Soleil fait à Midy, & par la diversité de ces ombres, ont fait une distinction des peuples, nommant les uns Amphisciens, les autres Hetero-sciens, & d'autres Perisciens.

Des Amphisciens.

LEs Amphisciens, sont ceux qui en divers temps de l'année, ont à l'heure de Midy, les ombres tantost du costé d'un Pole, tantost de l'autre: ce qui arrive à ceux qui habitent en la Zone torride.

Ceux qui habitent en la Zone tor-ride entre les Tro-piques, ont deux ombres diverses à Midy, en divers temps, & quelque-fois point. Car quand le Soleil est directement sur

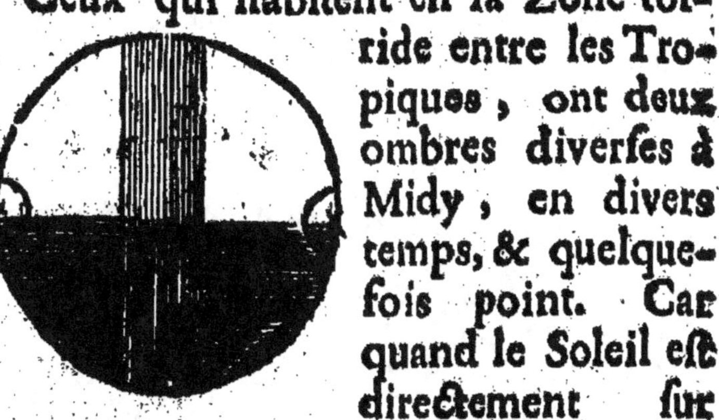

leur teste, ce qui leur arrive deux fois l'année, alors les corps perpendicula-res n'ont aucune ombre: mais quand il quitte leur Zenith, & qu'il s'abbaisse vers les Tropiques, alors les ombres s'étendent vers l'un ou l'autre Pole; & de là vient le mot Amphiscien, lequel signifie, qui a des ombres des deux costez. Car *amphi*, signifie en Grec de part & d'autre : & *scia*, signifie ombre.

Des Heterosciens.

LEs Heterosciens, sont ceux qui tout le long de l'année, ont à l'heure de Midy toûjours les ombres du côté du Pole qui est sur leur Horison : ce qui arrive à tous ceux qui habitent aux Zones temperées.

Ceux qui habitent en la Zone temperée Septentrionale, ont toute l'année 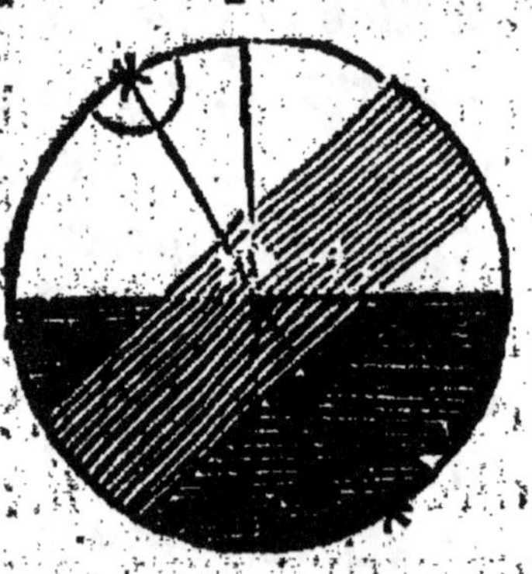 les ombres à Midy, vers le Pole Arcti-que : Et ceux qui demeurent en l'autre Zone temperée, ont tout le long de l'année les ombres à Midy, vers le Pole Antarctique, & de là vient le mot Heteroscien, lequel signifie, qui a les ombres d'un seul costé. Car *heteros*, signifie en Grec un, & *scia*, ombre.

Des Perisciens.

L'Es Perisciens, sont ceux à qui les ombres tournent en rond à l'entour d'un corps perpendiculaire : ce qui arrive à tous ceux qui habitent aux Zones froides.

Parce que le Soleil est quelquefois un jour, deux, trois, & plus, en ces quartiers-là sans se coucher, il est necessaire que l'ombre que fait un corps perpendiculaire aux rayons du Soleil,

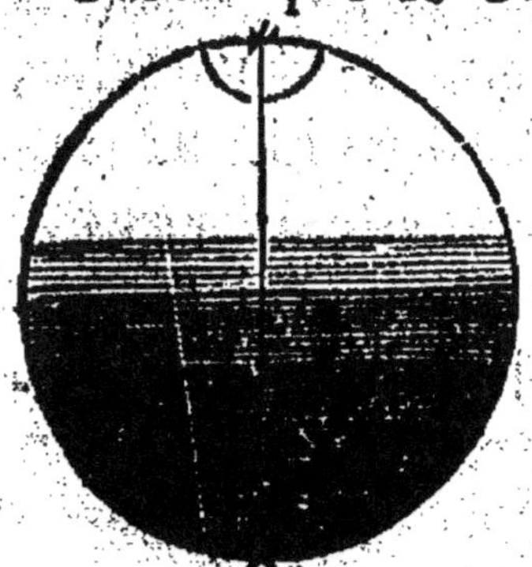

tourne en rond, puis qu'elle est toûjours opposée au Soleil, qui tourne au tour du corps opaque : Et de là vient le mot Periscien, lequel signifie, qui a les ombres circulaires. Car *peri*, signifie en Grec, au tour, & *scia*, ombre.

De la division de la Terre, par la diverse situation des Habitans.

LEs Habitans de la Terre, ont eu divers noms, selon la diverse situation qu'ils ont entr'eux. Car à l'égard du lieu où quelqu'un est, on appellera les uns Periœciens, les autres Antœciens, & les autres Antipodes, excepté quand il est sous l'Equateur, ou sous les Poles, ou seulement quand il a des Antipodes, comme il se connoîtra aisément par les définitions suivantes.

Des Periœciens.

LEs Periœciens, sont ceux qui habitent sur le même Parallele & le même Meridien.

Ils habitent donc en même Zone & même Climat, ont la même élevation de Pole, les mêmes saisons de l'année quand & quand l'autre, les mêmes augmentations de jours & de nuits. Mais quand l'un a Midy, l'autre a Minuit. Ils sont nommez Periœciens;

c'eſt à dire, habitans à l'entour. Notez que les Perieciens qui habitent en la Zone froide, ne peuvent pas avoir Midy, quand les autres ont Minuit : ſinon lors que le Soleil parcourt les parties du Zodiaque, qui ſe levent & ſe couchent.

Des Anteciens.

*L*Es Anteciens ſont ceux qui habitent ſur une même moitié de Meridien, mais ſur divers Paralleles, également diſtans de l'Equateur.

Ils habitent donc en ſemblable Zone, & ſemblable Climat, pour la temperature de l'air : car ſi les uns ſont en la Zone temperée Septentrionale, les autres ſont en la Zone Auſtrale temperée. Ont la même élevation de Pole, mais de Pole divers : ont le Midy enſemble, mais les Saiſons contraires ; c'eſt à dire, quand les uns ont l'Hyver, les autres ont l'Eſté, & ſont dits Anteciens, quaſi comme habitans en contraires Regions. Notez que les Anteciens qui sont dans les Zones froides, ne peuvent toutefois avoir Midy ensemble, que quand le Soleil parcourt les degrez du Zodiaque, qui se levent & se couchent.

Des Antipodes.

LEs Antipodes, sont ceux qui sont distans entr'eux de tout le diametre de la Terre.

Ils habitent donc en semblable Zone, & semblable Climat, pour la temperature de l'air, comme les Anteciens. Mais ils sont toûjours distans entr'eux de la moitié du circuit de la Terre : ce qui n'arrive pas aux autres, qui sont tantost plus proches, tantost plus éloignez. Ils ont le jour quand les autres ont la nuit, l'Hyver quand les autres ont l'Esté, le Midy quand les autres ont minuit, même élevation de Pole, mais de Poles divers, & sont dits Antipodes, quasi pieds contre pieds. Ce que plusieurs des Anciens toutefois n'ont pû croire, qu'il y eût des hommes qui leur fussent opposez de tout le diametre de la Terre, les uns écri-

vant

vant comme Pline, que c'est une chose douteuse, & qu'il y a eu toûjours grande dispute entre les hommes de Lettres, touchant cette matiere : Les autres comme Lactance, le niant hardiment : Les autres comme saint Augustin, ne le pouvant comprendre. Et en effet cette doctrine a esté tenuë si absurde au commencement du Christianisme, que quelques Prelats furent estimez s'egarer du droit chemin, parce qu'ils tenoient qu'il y avoit des Antipodes. Mais ceux qui ont circuy le Monde, comme Magelan, Drac & Olivier, en ont levé toute la difficulté étant une chose vraye, que s'en étant allez vers le Couchant, enfin ils sont retournez par le Levant.

De la division de la Terre, en Longitude & en Latitude.

LEs Geographes ont encore distingué la Terre en Longitude & en Latitude, par le moyen de deux grands

Cercles ; sçavoir, le Meridien & l'Equateur.

De la Longitude & de la Latitude de la Terre.

LA Longitude de la Terre, se prend d'Occident en Orient, & la Latitude de l'Equateur aux Poles.

Bien qu'en un Globe, on ne puisse pas plustost nommer d'un costé la longueur que la largeur, si est-ce que de tout temps on a compté la Longitude d'Occident en Orient, & la Latitude de l'Equateur aux Poles, parce que du temps des premiers qui ont fait la description des Regions de la Terre, la surface connuë s'étendoit bien plus loing d'Occident en Orient, que du Septentrion à Midy. *a*

a Les Geographes pour mieux diviser la Terre, luy ont donné une longueur & une largeur, bien que Geometriquement parlant, elle n'en ait point, étant Spherique : & c'est pour cela qu'ils se servent de deux sortes de Cercles, dont les uns sont de Longitude, & les autres de Latitude.

L'Equateur & les Cercles Paralleles, qui s'en éloignent vers l'un & l'autre Pole, sont appellez Cercles de Latitude Septentrionale

& Meridionale : Et les Meridiens qui paſſent par chaque lieu de la Terre & les Poles, où ils s'entre-coupent, ſe nomment Cercles de Longitude.

Où commence la Longitude & la Latitude.

LE commencement de la Longitude, ſe prend au Meridien des Iſles Fortunées, ou ſelon les Modernes, à celuy des Iſles Açores. La Latitude à l'Equateur.

Pour determiner les Longitudes, il a bien falu mettre un principe, pour commencer. Ptolomée l'a mis au Meridien qui paſſe par les Iſles Fortunées, parce qu'on eſtimoit qu'il n'y avoit plus de terre au de là. Les Modernes l'ont mis au Meridien, qui paſſe par les Iſles des Açores, parce que l'aiguille aymantée n'a ſous ce Meridien aucune variation, & qu'ils eſperoient de pouvoir determiner les Longitudes des lieux par la declinaiſon de l'aiguille. *a*

a C'eſt parce qu'ils croyoient que la variation de l'aymant eſtoit reglée, ce qui eſt contre la verité & l'experience. Monſieur Caſſiny a obſervé que preſentement à Paris l'aiguille aymantée decline d'environ 5. degrez du Septentrion à l'Occident,

De la Latitude des lieux.

LA Latitude d'un lieu, est la distance qu'il y a entre le lieu & l'Equateur.

D'autres la definissent en cette fa-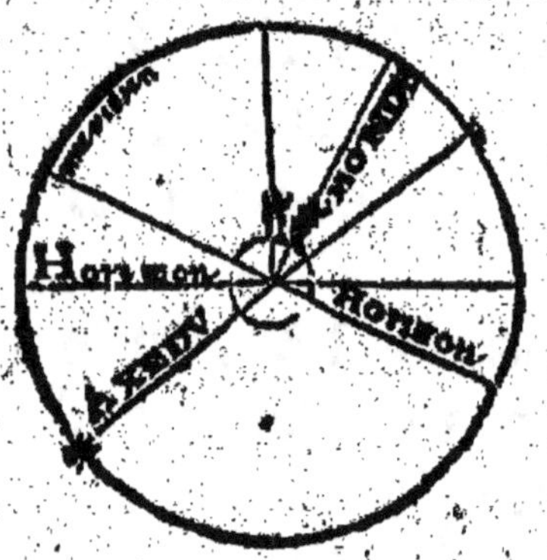çon : La Latitude est l'arc d'un Meridien , qui est compris entre le lieu & l'Equateur, par laquelle definition ceux qui sont sous l'Equateur, n'ont point de Latitude. a

a Comme cet arc du Meridien peut être dans l'Hemisphere Septentrional, ou dans le Meridional, cela fait que la Latitude d'un lieu de la Terre peut être Septentrionale & Meridionale. D'où il suit que deux lieux de la Terre également éloignez de la Terre, sans être sous le même Parallele, ont une même Latitude, l'une Septentrionale & l'autre Meridionale.

De la Longitude des lieux.

LA Longitude d'un lieu, est la distance qu'il y a entre le lieu & le premier Meridien.

D'autres la definissent en cette façon: la Longitude est l'arc d'un Parallele compris entre le lieu & le premier Meridien, par laquelle definition ceux qui habitent sous le premier Meridien, n'ont point de Longitude. Notez que les Longitudes des lieux se peuvent étendre jusqu'à 360. degrez, mais la Latitude seulement jusqu'à 90. *a*

a Comme on divise la Latitude en Boreale & en Septentrionale, on auroit pû de même diviser la Longitude en Orientale & en Occidentale, en ne l'étendant que jusqu'à 180. degrez, ce qui seroit plus commode. Ainsi l'Isle de Cuba, qui est de 60. degrez plus Occidentale que le premier Meridien, auroit 60. degrez de Longitude Occidentale, ce qui seroit plus intelligible que de faire le tour en allant vers Orient, & de luy donner 300. degrez de Longitude.

La raison pour laquelle on compte la Longitude d'Occident en Orient, plustost que de l'Orient à l'Occident, est parce que la Longitude celeste, qui mesure le mouvement particulier des Planetes & des Estoilles fixes, se prenant de l'Occident à l'Orient le long du Zodiaque, la Longitude terrestre se devoit compter à peu près de la même façon.

Des Parties droites & gauches du Monde.

IL ne faut pas s'étonner s'il y a de la confusion à la determination de ces parties, à cause des diverses considerations de ceux qui les y ont établies. Les Prêtres & les Augures du temps passé avoient leur face vers l'Orient, pendant qu'ils faisoient leurs sacrifices & dissections, ce qui est cause qu'ils appelloient l'Orient la partie anterieure du Ciel, l'Occident la posterieure : & par consequent, les parties Septentrionales, gauches ; & les Meridionales, droites. Au contraire, les Poëtes tournoient la face vers le Couchant, parce qu'ils avoient l'esprit tendu aux Isles Fortunées, & disoient que l'Occident estoit la partie anterieure du Ciel, l'Orient la posterieure, le Septentrion la partie droite, & le Midy la gauche. Les Geographes qui sont attentifs à determiner la Latitude des lieux, par l'élevation du Pole, pour faire leurs Cartes; disent, que l'Orient est la partie droite du Monde, l'Occident la partie gauche: Ce qui a esté aussi l'opinion de Pythagore, de Platon & d'Aristote. Les Astronomes avec Empedocles & les Egyptiens, qui se sont addonnez à la recherche des mouvemens des Cieux, pendant qu'ils sont tournez vers le Midy, où le cours des Cieux y est plus manifeste, disent au contraire des Geographes, & constituent l'Occident la partie droite du Monde, & l'Orient la partie gauche. *a*

a Pour se souvenir de ce qui vient d'être dit, il n'y a qu'à garder dans sa memoire ces deux petits Vers.

Ad Boream terra, stat Cœli mensor ad Austrum,
Præco Dei, exortum videt, occasumque Poëta.

Pour trouver la droite & la gauche des Rivieres, il faut se tourner le visage vers le courant de l'eau, & alors on a un des rivages à droit, & l'autre à gauche. Ainsi le Louvre de Paris est à la droite de la Seine, & le Fauxbourg saint Germain à la gauche.

Il faut juger le contraire des Golphes ;
où la droite & la gauche se prennent en entrant, quand on est tourné vers la Terre.
Comme dans le Golphe de Venise ; Ancone
est à la gauche, & Raguse à la droite.

TRAITE'
DE LA SPHERE
DU MONDE.

LIVRE V.

De l'Usage de la Sphere.

L'Usage de la Sphere presque de tout temps n'a esté que pour sçavoir connoître les Cercles que l'on imagine au premier Mobile. En aprés, on y a ajoûté le Ciel du Soleil, qui a ses Poles attachez aux Poles du Zodiaque, pour montrer que son chemin ordinaire est toûjours sous l'Ecliptique: Et enfin le Ciel de la Lune, qui tourne sur des Poles distans de ceux du Soleil environ de 5. degrez, pour faire quelque demonstration des Eclipses.

Nôtre Sphere, outre l'utilité qu'elle a commune avec les autres, a cela de particulier, qu'elle montre la Terre immobile au centre du Monde, encore que les Cieux tournent à l'entour, & peut satisfaire à toutes les Propositions suivantes.

Proposition I.

Disposer la Sphere selon les quatre parties du Monde.

Les quatre parties du Monde, sont l'Orient, l'Occident, le Septentrion, & le Midy, que les Mariniers appellent Est, Oüest, Nord, & Sud. Lesquelles sont trouvées en cette façon.

La Sphere estant posée sur une surface plane & parallele à l'Horison, qu'elle soit tournée deçà & delà par son pied, jusqu'à ce que l'aiguille aymantée de la petite boussole, soit directement sur la ligne qui est au dessous d'elle, & alors la Sphere sera disposée selon les quatre parties du Monde. Et si on regarde sur l'Horison de la Sphere là où est écrit Sud, de ce même costé-là est le Sud ou le Midy à l'Horison du Monde, & ainsi de toutes les autres parties.

Corollaire.

PAr cette methode vous ne trouverez pas seulement les quatre parties principales ; Midy, Septentrion,
Orient, & Occident : mais aussi de
quelle part de l'Horison sortent les 32.
vents qui sont marquez tout à l'entour.

Proposition II.

ELever le Pole de la Sphere, selon
l'inclination de quelque lieu.

L'inclination d'un lieu, est l'angle
que fait l'axe du Monde sur l'Horison,
ou bien l'arc du Meridien compris entre l'Horison & le Pole, que l'on nomme autrement élevation de Pole, laquelle est trouvée en cette façon. Soit
levé le Pole de la Sphere sur l'Horison du costé du Septentrion, jusqu'à
ce qu'il y ait autant de degrez compris
entre le Pole & l'Horison, que contient l'inclination du lieu : & alors le
Pole de la Sphere sera élevé comme la
proposition le demande. Comme si
vous la vouliez élever pour l'inclina-

tion de Paris, qui est environ de 49.
degrez, levez le Pole de la Sphere sur
l'Horison , du costé du Nort de 49.
degrez , que vous compterez sur le
Meridien , & vous aurez le Pole élevé
selon l'inclination de la Ville de Paris.

Corollaire.

PAr la même methode , on dispo-
sera la Sphere selon la Latitude du
lieu , parce que l'élevation du Pole &
la Latitude du lieu , sont toûjours é-
gales.

Proposition III.

COnsiderer quel est le mouvement
du Monde , à l'égard de quelque
lieu.

Le Monde ne tourne pas à tous les
habitans de la Terre de même façon,
il se meut autrement à ceux qui ont la
Sphere droite , autrement à ceux qui
l'ont oblique , ou parallele. Si donc
vous desirez considerer le mouvement
du Ciel , à l'égard de quelque lieu.
Premierement, que la Sphere soit disposée selon les quatre parties du Mon-

de, par la premiere proposition, &
que le Pole soit elevé par la seconde,
selon l'inclination du lieu, alors si
vous faites tourner la Sphere avec la
main d'Orient en Occident, vous con-
sidererez aisément quel y peut estre le
mouvement du Monde, qui est une
des gentilles considerations qu'on puisse
avoir. Car non seulement l'Horison
de la Sphere est pour lors avec l'Horison du Monde, mais le Meridien de
la Sphere avec le Meridien Celeste,
l'Axe avec l'Axe, & les Poles vis à
vis des Poles du Monde.

Proposition IV.

T Rouver le lieu du Soleil au jour
proposé.

Le lieu du Soleil est le degré de
l'Ecliptique où le Soleil est, lequel se
trouve facilement, en prenant sur
l'Horison de la Sphere le degré du
Zodiaque, qui est vis à vis de celuy
du jour ; comme si je veux sçavoir au
dixiéme de Novembre le lieu du Soleil, vis à vis du dixiéme de Novembre sur l'Horison, est le 18. du Scorpion, pour le lieu du Soleil.

Que si on desire sçavoir à quel jour de l'année le Soleil sera en quelque degré du Zodiaque ; il n'y a qu'à chercher sur l'Horison le degré, & vis à vis on trouvera le jour demandé. Ainsi le Soleil entre au 10. du Belier le dernier jour de Mars.

Proposition V.

TRouver le Nadir du Soleil.

Le Nadir du Soleil, est le point du Zodiaque, qui est opposé diametralement au Soleil, pour lequel trouver soit mis le lieu du Soleil à l'Horison du costé d'Orient, & le Nadir du Soleil sera au degré du Zodiaque qui se couche. Ainsi quand le Soleil est au premier degré du Taureau, son Nadir est au premier du Scorpion.

Proposition VI.

TRouver les nouvelles Lunes des mois.

Sçachant l'Epacte de l'année, cherchez là au Cercle des Epactes, qui est sur l'Horison au mois proposé, & au jour qui est vis à vis sera la nouvelle

Lune. Comme si je veux sçavoir cette année 1627. quand nous aurons la nouvelle Lune de Juin, l'Epacte de l'année sont 13. & vis à vis de 13. est le 14. de Juin : je dis donc qu'au quatorziéme de Juin la Lune sera nouvelle.

Corollaire.

DE là il sera aisé à trouver les autres faces de la Lune, car sept jours aprés la nouvelle Lune sera le premier quartier, & sept aprés, pleine Lune, & sept aprés, dernier quartier.

Proposition VII.

TRouver l'Orient du Soleil.

Ce que nous appellons icy l'Orient du Soleil, les autres l'appellent latitude Orientale, amplitude ortive, qui est un arc de l'Horison, compris entre le vray Orient de l'Equinoxe, & le lieu d'où le Soleil se leve. Pour lequel trouver, soit premierement la Sphere à l'élevation d lieu. Secondement, le lieu du Solei à l'Horison du costé d'Orient. Enfin soient comptez les degrez de l'Horiso qui font entre le lieu du Soleil & le vray Orient. Car d'autant de degrez fera l'Orient du Soleil. Ainfi quand le Soleil eft au premier de l'Ecreviffe, l'Orient du Soleil eft de 37. degrez, Par la même methode, on trouvera l'Occident du Soleil, ou latitude Occidentale, en faifant l'operation du cofté du Couchant.

Propofition VIII.

Trouver la hauteur du Soleil à Midy.

La hauteur du Soleil à Midy, eft l'arc du Meridien, compris entre l'Horifon & le lieu du Soleil, laquelle fe trouve en cette façon. Soit premierement la Sphere à l'élevation du lieu. Secondement, foit mis le degré, où eft le Soleil fous le Meridien, & les degrez du Meridien qui font compris entre l'Horifon & ledit degré, montreront quelle eft la hauteur du Soleil à Midy. Ainfi à Paris, qui a 49. degrez d'élevation, la hauteur du Soleil à Midy eft de 65. degrez, quand le Soleil eft au premier degré de l'Ecreviffe.

Propofition IX.

Trouver la declinaifon du Soleil. La declinaifon du Soleil, eft la diftance qu'il a de l'Equateur, ou l'arc du Meridien, compris entre le lieu du Soleil & l'Equateur : pour laquelle trouver, foit mis le degré du Soleil fous le Meridien, & foient comptez les degrez du Meridien, qui font entre l'E quateur & le lieu du Soleil. Car d'au tant fera fa declinaifon. Ainfi quan le Soleil eft au dernier des Gemeaux la declinaifon du Soleil eft de 23. d grez & demy.

Propofition X.

Trouver la quantité des jours & de nuits artificielles. La Sphere eftant à l'élevation d lieu, foit mis le degré du Soleil à l'Ho rifon du cofté d'Orient, & le ftile ho raire fur 12. heures, puis la Sphere foi tournée jufqu'à ce que le degré du So leil foit au Couchant : alors le ftil horaire montrera par le chemin qu' a fait, de combien d'heures eft le jo artificiel. Ainfi à Paris, quand le Soleil entre en l'Ecreviffe, le jour artificiel eft de 16. heures, & ce qui refte pour accomplir 24. heures, eft la quantité de la nuit artificielle.

Autrement & plus precisément.

SOit premierement la Sphere à l'élevation du lieu. Secondement, foit mis le degré du Soleil à l'Horifon du cofté d'Orient, & marqué le degré de l'Equateur qui s'y trouve auffi. Troifiémement, foit tourné la Sphere vers l'Occident, jufqu'à ce que le lieu du Soleil foit au Couchant, & derechef marqué le degré de l'Equateur, qui pour lors fe leve. Car les degrez de l'Equateur, qui fe font levez, compris entre les deux marques, determinent la quantité de l'arc diurne du Soleil, lefquels fi vous divifez par 15. vous aurez la quantité du jour artificiel en heures. Ainfi à Paris, quand le Soleil entre en l'Ecreviffe, l'arc journal eft de 238. degrez, lefquels divifez par 15. donnent 15. heures & 58. minutes pour la quantité du jour artificiel.

Propofition X I.

TRouver *le plus long Jour de l'an-*
née.

En la Sphere oblique , jufqu'à l'é-
levation de 66. degrez ou environ, il
ne faut que par la precedente trouve
la quantité du jour artificiel, quand l
Soleil eft au premier de l'Ecreviffe, qu
eft le 22. de Juin. Mais il y a une autr
methode par de là le foixante - fixiém
degré , pour ceux qui habitent au
Zones froides, qui eft telle. Soit di
pofée la Sphere à l'élevation de c
lieux-là , & qu'on obferve du cofté d
Nort, combien il y a de degrez
l'Ecliptique , qui en la revolution
la Sphere ne fe couchent point. C
autant qu'il y en aura , d'autant
jours fera à peu prés le plus long jo
d'Efté. Ainfi à l'élevation de 81. d
grez , où ont efté les Holandois,
plus grand jour d'Efté dure quatre mo
& demy, parce qu'il y a 135. degrez o
environ de l'Ecliptique , qui en cet
pofition de la Sphere ne fe couche
jamais ; & il eft neceffaire que qua
le Soleil les parcourt, qu'il luife to

jours sur leur Horison : De là on connoîtra la quantité de la plus longue
nuit, qui toûjours est égale au plus
grand jour.

Autrement, & plus facilement,
& generalement.

LA Sphere estant disposée à l'élevation du lieu, qu'on regarde sur le
Meridien de la Sphere, où est la description des Paralleles des jours, &
on trouvera joignant l'Horison du côté du Sud, la quantité du plus grand
jour : Ainsi ayant élevé la Sphere de
81. degrez, on voit joignant l'Horison
4. mois & demy, pour la quantité du
plus grand jour.

Proposition X I I.

TRouver en quel Climat & en quel
parallele, chaque Region est, de
laquelle l'élevation est connuë.
Soit la Sphere disposée selon l'élevation du lieu, & vous vertez sur le
Meridien, joignant l'Horison du costé
du Nort, en quel Climat & Parallele,
la Region estoit située, selon les An-

ciens : Et du costé du Sud, en quel climat & parallele elle est, selon les Modernes. Ainsi ceux qui ont 49. degrez d'élevation, comme Paris, étoient au septiéme climat & au quatorziéme parallele, selon les Anciens : Et sont à la fin du huitiéme climat ou du seiziéme parallele, selon les Modernes.

Proposition XIII.

TRouver à quelle heure le Soleil se leve & se couche.

Soit la Sphere disposée à l'élevation du lieu, puis soit mis le degré du Soleil sous le Meridien, & le stile horaire sur douze heures, & soit tournée la Sphere du costé d'Orient, jusqu'à ce que le degré du Soleil soit en l'Horison, & le stile horaire montrera l'heure du lever du Soleil. Que si le lieu du Soleil est porté en Occident, le stile montrera à quelle heure il se couche. Ainsi à l'élevation de 49. degrez, quand le Soleil est au premier des Gemeaux : le Soleil se leve à quatre heures & demie, & se couche à sept & demie.

Autrement & plus precisément.

PRemierement, soit disposée la Sphere à l'élevation du lieu. Secondement, soit mis le lieu du Soleil à l'Horison du costé d'Orient, & marqué le degré de l'Equateur qui se leve avec luy, puis soit tournée la Sphere, jusqu'à ce que le lieu du Soleil soit au Meridien, & soient comptez les degrez de l'Equateur qui se sont levez. Et ces degrez estans divisez par 15. montreront combien il y a d'heures entre le Soleil levé & le Midy ; d'où on connoîtra aisément à quelle heure le Soleil se leve.

Proposition XIV.

TRouver quel degré du Soleil se leve & se couche, avec une Etoille du Zodiaque.

La Sphere estant située, selon l'élevation du lieu, soit mise l'Estoille en l'Horison du costé d'Orient, & le degré du Soleil qui se trouvera en l'Horison en même temps, sera celuy avec lequel elle se leve. Et si on fait la

même operation du côté de l'Occident,
on verra avec quel degré elle se couche. Cette proposition sert pour le
prognostique du changement de temps.

Proposition XV.

TRouver à quelle heure se leve ou
se couche une Etoille du Zodiaque
tous les jours, & de quelle partie de
l'Horison.

La Sphere estant située selon l'élevation du lieu, soit mis le degré où
est le Soleil sous le Meridien, & le
stile sur 12. heures : puis soit tournée
la Sphere, jusqu'à ce que l'Etoille soit
en Orient, & le stile montrera à quelle
heure elle se leve; & le degré de l'Horison, qui est vis à vis de quel endroit.
Que si la même operation se fait du
costé de l'Occident, on sçaura à quelle
heure & en quel endroit elle se couche. Cette proposition sert grandement à les connoître.

Proposition XVI.

TRouver quelle heure inégale il est
de jour & de nuit.

L'heure inégale de jour, est la douziéme partie du jour artificiel : & l'heure inégale de nuit, est la douziéme partie de la nuit artificielle : pour laquelle trouver, qu'on prenne par la dixiéme proposition l'arc diurne du jour proposé ; c'est à dire, les degrez de l'Equateur, qui montent sur l'Horison, entre le lever & le coucher du Soleil. Puis qu'ils soient reduits en minutes, les multipliant par 60. & aprés soit divisé le produit par 12. & le quotient donnera la quantité de l'heure inégale du jour. Enfin, soient reduites en minutes les heures égales, depuis le lever du Soleil jusqu'à l'heure presente ; & le produit estant divisé par la quantité de l'heure inégale trouvée, le quotient montrera quelle heure inégale il est.

On fera la même chose de nuit, en divisant la quantité de la nuit en douze parties égales : puis ayant compté les heures depuis le coucher du Soleil, jusqu'à l'heure qu'il est, & les ayant reduites en minutes, on les divisera par la quantité de l'heure inégale de nuit, & le quotient montrera quelle heure inégale il est.

Autre-

Autrement & plus facilement.

SOit observé premierement combien d'heures égales se sont écoulées, depuis le Soleil levé, si on desire connoître l'heure inégale du jour ; ou depuis le Soleil couché : si l'on veut sçavoir quelle heure inégale il est de nuit. Secondement, combien d'heures égales contient le jour ou la nuit artificielle. Car cela estant connu, on reduira les heures par cette regle. *Comme les heures égales du jour artificiel, sont à 12. heures inégales, ainsi les heures qui sont échûës depuis le lever ou le coucher du Soleil, sont à l'heure inégale requise.* Exemple, je veux sçavoir à Paris, le 20. Juin, à 3. heures aprés Midy, quelle heure inégale il est. Pour ce faire, dautant que depuis le lever du Soleil jusqu'à 3. heures il y en a 11. Et que le jour artificiel en ce temps-là contient 16. heures. Je dis par la regle de trois, si 16. heures égales donnent 12. heures inégales : Que donneront 11. heures égales ? Le quatriéme proportionel donnera 8. & un quart. C'est pourquoy à trois heu-

Cc

res aprés Midy, ce sera encore la huitiéme heure inégale.

Proposition XVII.

Trouver quelle *Planete* domine à toutes les heures inégales de jour & de nuit.

Les Babyloniens ont tant estimé la domination des Planetes, qu'ils ont appellé les jours de la Semaine des noms des Planetes : Lundy, à cause de la Lune : Mardy, de Mars : Mercredy, de Mercure : Jeudy, de Jupiter : Vendredy, de Venus : Samedy, de Saturne: Dimanche, du Soleil : & disoient que les Planetes dominoient les unes aprés les autres, d'heure en heure inégale, qui a esté cause, que donnant la premiere heure du Sabat à Saturne, la seconde à Jupiter, la troisiéme à Mars, & ainsi consecutivement selon l'ordre des Planetes, il arrive qu'aprés avoir compté 24. heures, & donné chaque heure inégale à chaque Planete, la 25. appartient au Soleil, & ainsi aprés le Samedy vient le Dimanche, ou jour du Soleil. Et par même raison, aprés avoir derechef compté 24. heures, &

les avoir diſtribuées à chaque Planete,
aprés le Dimanche vient le jour de la
Lune, ou le Lundy ; & aprés le Lundy
le Mardy. On trouvera donc quelle
Planete domine, ſçachant par la precedente quelle heure inégale il eſt. Car
ſi la premiere heure de Mardy appartient à Mars, la ſeconde ſera pour le
Soleil, la troiſiéme pour Venus, la quatriéme pour Mercure, la cinquiéme
pour la Lune, la ſixiéme pour Saturne, ſelon l'ordre des Planetes.

Propoſition XVIII.

TRouver l'aſcenſion droite du Soleil.
L'aſcenſion droite du Soleil, eſt
le degré de l'Equateur, qui ſe leve a-
vec luy en la Sphere droite : pour laquelle trouver, ſoit mis le degré de
l'Ecliptique où eſt le Soleil ſous le Meridien, car tous les Meridiens ſont Ho-
riſons droits, & le degré de l'Equateur
qui en même temps ſe trouvera au
deſſous, ſera l'aſcenſion droite du Soleil. Ainſi le Soleil eſtant au commencement du Taureau, aura une aſcenſion de vingt-huit degrez, d'autant
que le vingt-huitiéme degré de l'Equa-

teur se levera avec luy en la Sphere droite.

Proposition XIX.

Trouver l'ascension oblique du Soleil.

L'ascension oblique du Soleil, est le degré de l'Equateur, qui se leve avec luy en la Sphere oblique : pour laquelle trouver, soit premierement élevé le Pole selon le lieu, puis mis le degré de l'Ecliptique, où est le Soleil en l'Horison, du costé d'Orient ; & le degré de l'Equateur, qui en même instant s'y trouvera, sera l'ascension oblique du Soleil. Ainsi à Paris, le Soleil estant au commencement du Taureau, son ascension oblique sera de 15. degrez, à cause du 15. degré de l'Equateur, qui se leve avec luy en cette obliquité de Sphere.

Corollaire.

AU contraire, le degré de l'Equateur qui descend, ou se couche en l'Horison oblique, est la descente oblique du degré de l'Ecliptique & du

Soleil , que l'on trouvera facilement,
faisant l'operation du costé du Soleil
couchant.

Proposition   X X.

T Rouver les ascensions & les descentes des Signes.

L'ascension d'un Signe, comme nous
avons dit cy-devant, est le temps qu'il
est à monter sur l'Horison, comme la
descente, le temps qu'il est à descendre au dessous : & les Signes sont dits
monter droitement, quand ils sont plus
de deux heures à se lever ; & au contraire monter obliquement, quand ils
sont moins de deux heures : Si donc
on desire sçavoir l'ascension d'un Signe,
soit mis le commencement du Signe à
l'Horison (la Sphere estant à l'elevation du lieu, & le stile horaire sur 12.
heures) & soit tournée la Sphere,
jusqu'à ce que le Signe soit entierement
levé, alors le stile horaire montrera le
temps qu'il est à se lever : que s'il est
plus de deux heures, il se leve droitement, si moins, obliquement.

On en fera de même du costé d'Occident , pour connoître les descentes

des Signes, & qui font ceux qui defcendent droitement, & ceux qui defcendent obliquement.

Si on veut une plus grande precifion, on obfervera les degrez de l'Equateur, qui fe levent & fe couchent avec eux.

Propofition XXI.

TRouver l'afcendant ou horofcope d'une nativité.

L'afcendant d'une nativité eft le Signe qui à l'heure de la naiffance, monte fur l'Horifon, qui autrement eft dit horofcope. Et pour le trouver, foit difpofée la Sphere à l'Elevation du lieu où s'eft fait la nativité : puis foit mis le degré où le Soleil eft, fous le Meridien, & le ftile horaire fur 12. heures, & foit tournée la Sphere, jufqu'à ce que le ftile horaire foit juftement à l'heure que s'eft faite la naiffance : & en l'Orient, apparoîtra le Signe afcendant ou horofcope.

Ainfi le 22. de Juin, à Paris, une nativité s'eftant faite à fept heures du matin, a pour afcendant le Signe du Lyon.

Propofition XXII.

MArquer *fur le Zodiaque de la Sphere, le lieu des Planetes.*

Qu'on cherche dans les Ephemerides le lieu des Planetes, & ayant trouvé en quel degré des Signes ils font, qu'on applique fur le Zodiaque de la Sphere des petits morceaux de cire aux mêmes endroits , lefquels reprefenteront le lieu des Planetes. Cecy fervira pour les deux propofitions fuivantes.

Propofition XXIII.

COnnoître *les Planetes de Saturne, Jupiter , Mars , Venus & Mercure.*

Par la precedente, foit premierement marqué fur le Zodiaque , le lieu des Planetes , que l'on defire connoître au Ciel , avec des petits morceaux de cire. Puis ayant difpofé la Sphere felon les parties du Monde, & élevé le Pol felon le lieu, foit mis le degré du Soleil fous le Meridien , & le ftile fur 11. heures. En aprés, foit tourné

Sphere , jusqu'à ce que le degré du Soleil soit caché. Alors si les petits morceaux de cire , qui représentent les Planetes, sont sur l'Horison; il sera aisé de les discerner au Ciel, en regardant la situation qu'ils ont sur la Sphere , à l'heure qu'il marquera le stile horaire. Que s'il y a encore de la difficulté , à cause des Etoilles fixes qui sont auprés, que l'on pourroit prendre au lieu des Planetes , tournez encore la Sphere, jusqu'à ce que ces petits morceaux de cire se rencontrent sous le Meridien ou en l'Horison : & regardez derechef quelle heure le stile marquera , car à pareille heure les Planetes seront sous les mêmes Cercles celestes , & ainsi il sera facile de les pouvoir discerner d'avec les Etoilles fixes, & les contempler à son aise, pour considerer leur clarté, leur grandeur, & ne les plus confondre avec les autres.

Proposition XXIV.

Trouver l'heure de la Marée.

La Mer va & vient tous les jours deux fois , selon le mouvement que fait la Lune en cette maniere. Quand la
Lune

Lune eſt en l'Horiſon, la Marée eſt au
plus bas, mais quand élle commence à
monter vers le Méridien, alors la Marée vient, & eſt pleine Marée quand
elle y eſt arrivée : de là deſcendant vers
le Couchant, la Mer decroiſt ; de ſorte
que quand la Lune eſt en l'Occident,
la Marée eſt au plus bas : mais auſſi toſt
qu'elle quitte l'Horiſon du Couchant,
& que par deſſous la Terre elle s'a-
vance vers le Méridien, derechef la
Marée croiſt, & eſt pleine Marée quand
elle y eſt arrivée. Enfin, quittant le
Meridien, les eaux decroiſſent toûjours
juſqu'à ce qu'elle arrive à l'Horiſon.
Ce qu'étant connu, il eſt aiſé de ſçavoir par la Sphere, à quelle heure la
Mer va & vient en cette façon.

Soit la Sphere à l'élevation du lieu,
le degré du Soleil ſous le Meridien,
& le ſtile horaire ſur 12. heures, puis
ſoit tournée la Sphere, juſqu'à ce que
le lieu de la Lune, marqué par un petit morceau de cire, ſoit en Orient, ou
Occident, & le ſtile horaire montrera
à quelle heure la Marée eſt baſſe, &
qu'elle commence à venir. Que ſi on
tourne la Sphere, juſqu'à ce que le
lieu de la Lune ſoit ſous le Meridien,

D d

tant sur terre, que sous terre, le stile
horaire montrera l'heure que la Marée
est toute pleine, & qu'elle commence
à s'en aller.

F I N.

TABLE
Des definitions qui sont contenuës en ce Livre.

Dd ij

Extrait du Privilege du Roy.

PAr grace & Privilege du Roy, donné à Paris le 18. Avril 1664. Signé, Par le Roy en son Conseil, JUSTEL : Il est permis à OLIVIER DE VARENNE, Marchand Libraire à Paris, d'imprimer, vendre & debiter un Livre intitulé, *Traité de la Sphere du Monde, par Boulenger.* Et deffenses sont faites à tous Libraires & Imprimeurs, d'imprimer, faire imprimer, vendre ny debiter ledit Livre, pendant le temps & espace de sept années, à compter du jour que ledit Livre sera achevé d'imprimer pour la premiere fois, à peine de trois

mille livres d'amende, confiscation des
Exemplaires contrefaits, & de tous
dépens, dommages & interests, ainsi
que plus au long est porté ausdites
Lettres de Privilege.

*Registré sur le Livre de la Commu-
nauté, le 27. May 1664. suivant
l'Arrest de la Cour de Parlement. Signé, E. MARTIN, Syndic.*

PERMISSION.

Permis de reimprimer. FAIT ce
16. Mars 1688. DE LA REYNIE.

A PARIS,

De l'Imprimerie DE PIERRE LE
MERCIER. 1688.